BIM 技术应用规划教材（土木建筑大类专业适用）

建筑工程 BIM 概论

主　编　汪晨武　晏路曼

副主编　傅丽芳　陈凌峰

参　编　刘　毅　余苏文　郑　晟
　　　　刘可人　陈志勇　谢嘉波

主　审　袁建新

U0255992

机械工业出版社
CHINA MACHINE PRESS

BIM 技术作为 21 世纪建筑业革命性技术，对建筑业将产生巨大的影响。近几年来，无论是从国家层面还是地方政府，都出台了相关的规定，要求各建筑企业使用 BIM 技术，这为 BIM 技术的发展提供了有力保障。为了使 BIM 技术在实际工程中得到更好的应用，帮助初学者更好地理解和掌握 BIM 技术，编者编写了本书。本书对于 BIM 的应用概况做了详细表述，重点针对 BIM 模型的创建、维护、应用、协同管理等工作进行了阐述。全书共分 4 章，主要包括 BIM 概述、BIM 应用、BIM 实施、BIM 应用案例。

本书为 BIM 技术应用规划教材，可作为高职院校土木建筑大类专业的教材，同时也可作为建筑类相关专业从业人员的学习参考用书。

为方便教学，本书配有电子课件，凡使用本书作为教材的教师可登录机工教育服务网 www.cmpedu.com 注册下载。咨询邮箱：cmpgaozhi@sina.com。咨询电话：010 - 88379375。

图书在版编目（CIP）数据

建筑工程 BIM 概论／汪晨武，晏路曼主编. —北京：机械工业出版社，2017.5（2024.7 重印）

BIM 技术应用规划教材：土木建筑大类专业适用

ISBN 978 - 7 - 111 - 56760 - 8

Ⅰ.①建…　Ⅱ.①汪…②晏…　Ⅲ.①建筑设计-计算机辅助设计-应用软件-高等职业教育-教材　Ⅳ.①TU201.4

中国版本图书馆 CIP 数据核字（2017）第 080598 号

机械工业出版社（北京市百万庄大街 22 号　邮政编码 100037）

策划编辑：常金锋　覃密道　　责任编辑：常金锋

责任校对：张　薇　　　　　　封面设计：鞠　杨

责任印制：刘　媛

涿州市般润文化传播有限公司印刷

2024 年 7 月第 1 版第 5 次印刷

184mm×260mm · 9 印张 · 196 千字

标准书号：ISBN 978 - 7 - 111 - 56760 - 8

定价：45.00 元

凡购本书，如有缺页、倒页、脱页，由本社发行部调换

电话服务	网络服务
服务咨询热线：010-88379833	机 工 官 网：www.cmpbook.com
	机 工 官 博：weibo.com/cmp1952
读者购书热线：010-88379649	教育服务网：www.cmpedu.com
封面无防伪标均为盗版	金 书 网：www.golden-book.com

前　言

BIM（Building Information Modeling）技术被誉为建筑产业革命性技术，在减少能源消耗、项目精细化管理、施工过程模拟、空间碰撞检测、现场质量安全管理等方面可以发挥巨大价值。住房和城乡建设部在《2011～2015 建筑业信息化发展纲要》中明确了在施工阶段开展 BIM 技术的研究与应用的要求。信息化发展纲要的颁布，拉开了 BIM 技术在施工企业全面推进的序幕。

2015 年 7 月 2 日，住房和城乡建设部印发了《关于推进建筑信息模型应用的指导意见》（以下简称《指导意见》），《指导意见》提出了发展目标：到 2020 年年底，建筑行业甲级勘察、设计单位以及特级、一级房屋建筑工程施工企业应掌握并实现 BIM 与企业管理系统和其他信息技术的一体化集成应用。在以国有资金投资为主的大中型建筑以及申报绿色建筑的公共建筑和绿色生态示范小区新立项项目勘察设计、施工、运营维护中，集成应用 BIM 的项目比率达到 90%。

目前我国的 BIM 技术虽然刚起步，但可以肯定，在不久的将来，对 BIM 技术员、BIM 工程师的需求会出现井喷的势头，这将是不可逆转的发展趋势。上海思博职业技术学院顺应市场发展趋势，率先在全国高职院校中设置了建设项目信息化管理专业，并根据教学经验组织编写了本教材。

本书由上海思博职业技术学院建筑工程与管理学院汪晨武、晏路曼任主编，傅丽芳、陈凌峰任副主编，刘毅、余苏文、郑晟、刘可人、陈志勇、谢嘉波参与了编写。本书由袁建新主审。本书在编写过程中，得到了上海鲁班软件股份有限公司、CCDI 悉地国际、深圳市斯维尔科技股份有限公司的大力支持，在此表示衷心的感谢！

由于时间仓促，加之编者水平有限，书中难免有不当之处，恳请读者批评指正。

编者

目　录

建筑工程BIM概论
Jian zhu gong cheng BIM gai lun

第1章 BIM 概述

01

BIM 技术概述

1.1　BIM 的产生和发展背景

BIM 是英文 Building Information Modeling 的缩写，国内最常见的叫法是"建筑信息模型"，尽管这个说法并不能完整和准确地描述 BIM 的内涵，但是已被工程建设行业所广泛认同（如同 CAD 之于计算机辅助设计）。

1975 年，Chuck Eastman 率先提出"Building Description System"系统，因此他被称为"BIM 之父"；20 世纪 80 年代后，芬兰学者提出"Product Information Model"系统；1986 年，美国学者 Robert Aish 提出"Building Modeling"；2002 年由 Autodesk 公司提出"Building Information Modeling"，它是对建筑设计的创新。BIM 作为一个专门术语被工程建设行业广泛使用是从 2002 年开始的。

在本书中，除了对 BIM 概念的解释，基本上只使用 BIM 这个全球工程建设行业已经普遍接受的术语，而不再使用其中文名称。

那么 BIM 是在什么背景下出现的呢？BIM 在整个工程建设行业中处于什么样的位置呢？工程建设行业又赋予了 BIM 什么样的使命呢？我们可通过下面的介绍来进一步了解。

1.1.1　BIM 的市场驱动力

恩格斯曾经说过"社会一旦有技术上的需要，则这种需要就会比十所大学更能把科学推向前进"。BIM 正是在这种需求下，快速发展和普及起来的。

全球发达国家或高速发展中的国家（特别是 2008 年金融危机之后）都把 GDP 的相当大比例投资到基本建设上，包括规划、设计、施工、运营、维护、更新、拆除等，这是一个巨大的投资。根据统计资料，2014 年全球建筑业的规模近 8.2 万亿美元，预计 2020 年将增至 12.7 万亿美元。2016 年中国建筑业总产值约为 19.35 万亿人民币，较上一年增长 7.1%。

在过去的几十年，航空航天、汽车、电子产品等其他行业的生产效率通过使用新的生产流程和技术提高明显。而工程建设行业一直以来提升缓慢，使得市场对全球工程建设行业改进工程效率和质量的压力日益加大。

Rex Miller 等人在 2009 年出版的《商业房地产革命》(*Commercial Real Estate Revolution*) 中列举了这样一组数据:

1) 现有模式生产建筑的成本差不多是应该花费的两倍。

2) 72% 的项目超预算。

3) 70% 的项目超工期。

4) 75% 不能按时完工的项目至少超出初始合同价格的 50%。

5) 建筑工人的死亡威胁是其他行业的 2.5 倍。

美国建筑科学研究院 (NIBS-National Institute of Building Sciences) 2007 年颁布的美国国家 BIM 标准第一版第一部分援引了美国建筑行业研究院的研究报告, 其中指出工程建设行业的非增值工作 (即无效工作和浪费) 高达 57%, 作为比较的制造业, 这个数字只有 26%, 两者相差 31%, 如图 1-1 所示。

图 1-1　建筑业和制造业生产效率对比

如果工程建设行业通过技术升级和流程优化能够达到目前制造业的水平, 按照美国 2008 年 12800 亿美元的建筑业规模计算, 每年可以节约将近 4000 亿美元。美国 BIM 标准为以 BIM 技术为核心的信息化技术制定的目标, 是到 2020 年为建筑业每年节约 2000 亿美元。

我国近年来的固定资产投资规模维持在 50 万亿人民币左右, 其中相当大一部分依靠基本建设完成, 但近 20 年建设项目的管理水平并没有大的提高, 主要原因是两大问题难以突破: 一是工程海量数据处理、有效管理和分享困难, 二是各条线、各分包单位、供应商协同困难, 造成工期延误、材料消耗损失。如果按照美国建筑科学研究院的资料来进行测算, 通过技术和管理水平提升, 我国可以节约的建设投资将是十分惊人的。

BIM 对于工程建设行业来说是一种新技术、新方法、新机制和新机会。它通过项目信息的收集、管理、交换、更新和存储过程, 为建设项目生命周期中的不同阶段、不同参与方提供及时、准确、海量的信息, 支持不同项目阶段之间、不同参与方之间以及不同应用软件之间的信息交流和共享, 以实现项目设计、施工、运营、维护效率和质量的提高, 持续不断地提升工程建设行业生产力水平。

1.1.2　BIM 在工程建设行业的位置

BIM 在工程建设行业信息化技术中并不是孤立存在的, 大家熟悉的名词就有 CAD、可视化、CAE、GIS 等, 那么, BIM 与它们有什么不同, BIM 在建设行业中到底处在一个什么位

置呢?

BIM 作为一个专有名词进入工程建设行业的第一个十年的时候,其知名度呈现爆炸式的增长,但对什么是 BIM 的认识却是五花八门。

在众多对 BIM 的认识中,有两个极端尤为引人注目。其一,把 BIM 等同于某一个软件产品,例如 BIM 就是 Revit;其二,认为 BIM 应该囊括跟建设项目有关的所有信息,包括工伤、社保、财务信息等。要弄清楚什么是 BIM,首先必须清楚 BIM 的定位。

我国建筑业信息化的历史基本可以归纳为每十年重点解决一类问题。

1)"六五"—"七五"(1981—1990 年)期间:解决以结构计算为主要内容的工程计算问题(CAE)。

2)"八五"—"九五"(1991—2000 年)期间:解决计算机辅助绘图问题(CAD)。

3)"十五"—"十一五"(2001—2010 年)期间:解决计算机辅助管理问题,包括电子政务(e-government)和企业管理信息化等。

"十一五"以后的建筑业信息化情况,可以简单地用图 1-2 来表示。概括起来就是:纵向打通了,横向没打通。从宏观层面来看,技术信息化和管理信息化之间没关联;从微观层面来看,例如,CAD 和 CAE 之间也没有关联。

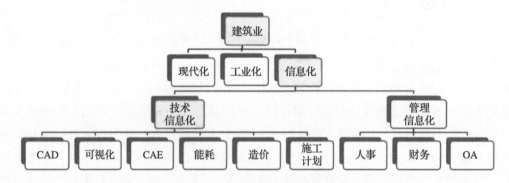

图 1-2 "十一五"以后的建筑业信息化情况

接下来,建筑业信息化的重点应该是打通横向。而打通横向的基础来自于建筑业所有工作的聚焦点,就是建设项目本身。不用说所有技术信息化的工作都是围绕项目信息展开的,即使管理信息化的所有工作同样也是围绕项目信息展开的,是为了项目的建设和运营服务的。

就目前的技术和行业发展趋势分析,将 BIM 作为建设项目信息的承载体,作为我国建筑业信息化下一个十年横向打通的核心技术和方法之一已经没有太大争议。

"十二五"期间,为尽快提升建筑业信息化水平,2012 年 5 月,住房和城乡建设部印发了《2011—2015 年建筑业信息化发展纲要》。该纲要要求特级资质施工方企业基于企业资源计划的理念建立新的管理信息系统,一级资质施工方企业普及应用项目综合管理系统。该纲要对全国的施工企业提出的总体目标为:"十二五"期间,基本实现建筑企业信息系统的普及应用，加快建筑信息模型（BIM）、基于网络的协同工作等新技术在工程中的应用，推动信息化标准建设。

2015 年 7 月 2 日，住房和城乡建设部印发《加强顶层设计 推进 BIM 应用的指导意见》，该指导意见提出的发展目标是：到 2020 年末，建筑行业甲级勘察、设计单位以及特级、一级房屋建筑工程施工企业应掌握并实现 BIM 与企业管理系统和其他信息技术的一体化集成应用。在以国有资金投资为主的大中型建筑以及申报绿色建筑的公共建筑和绿色生态示范小区新立项项目勘察设计、施工、运营维护中，集成应用 BIM 的项目比率达到 90%。

2016 年 9 月 2 日上海市住房和城乡建设管理委员会发布了《关于进一步加强上海市建筑信息模型技术推广应用的通知》（征求意见稿），要求按项目的规模、投资性质和区域分类、分阶段全面推广 BIM 技术应用。自 2016 年 10 月 1 日起，六类新立项的工程项目应当在设计和施工阶段应用 BIM 技术，鼓励运营等其他阶段应用 BIM 技术；已立项尚未开工的工程项目，应当根据当前实施阶段，在设计或施工招标投标或发承包中明确应用 BIM 技术要求；已开工项目鼓励在竣工验收归档和运营阶段应用 BIM 技术。自 2017 年 10 月 1 日起，规模以上新建、改建和扩建的政府和国有企业投资的工程项目全部应用 BIM 技术，鼓励其他社会投资工程项目和规模以下工程项目应用 BIM 技术。由建设单位牵头组织实施 BIM 技术应用的项目，在设计、施工两个阶段应用 BIM 技术的，每平方米补贴 20 元，最高不超过 300 万元；在设计、施工、运营阶段全部应用 BIM 技术的，每平方米补贴 30 元，最高不超过 500 万元。以上国家和地方政策充分说明 BIM 技术将迅速发展。

1.1.3 行业赋予 BIM 的使命

一个工程项目的建设和运营涉及业主、用户、规划、政府主管部门、建筑师、工程师、施工方、产品供货商、消防、卫生、环保、金融、租售、运营、维护等几十类、成百上千家参与方和利益相关方。

一个工程项目的典型生命周期包括策划、设计、施工、项目交付和试运行、运营维护、拆除等阶段，时间跨度为几十年到几百年，甚至更长。

把这些项目不同参与方和项目阶段联系起来的是基于建筑业法律法规和合同体系建立起来的业务流程，支持完成业务流程的是各类专业应用软件，而连接不同业务流程和一个业务流程内不同任务或活动之间的纽带则是信息。一个工程项目的信息数量巨大、信息种类繁多，但是基本上可以分为以下两种形式。

1）结构化形式：计算机能够自动理解的，例如 Excel、BIM 文件。

2）非结构化形式：计算机不能自动理解的，需要人工进行解释和翻译的，例如 CAD。

目前工程建设行业的做法是，各个参与方在项目不同阶段用自己的应用软件完成相应的任务，输入应用软件需要的信息，把合同规定的工作成果交付给接收方，某些情况下，也可以把该软件的输出信息交给接收方参考。

由于当前合同规定的交付成果以纸质成果为主，在这个过程中项目信息被不断地重复输入、处理、输出成合同规定的纸质成果，下一个参与方再接着输入他的软件需要的信息。

事实上，在一个建设项目的全生命周期内，不但不缺信息，甚至也不缺数字形式的信息。真正缺少的是对信息（机器可以自动处理）的结构化组织管理和（不用重复输入）信息交换。由于技术、经济和法律的诸多原因，这些信息被不同的参与方以数字形式输入处理以后又被降级成纸质文件交付给下一个参与方，或者即使上游参与方愿意将数字化成果交付给下游参与方，也会由于不同的软件之间信息不能互用而无法实现信息共享。

基于以上现状，行业赋予 BIM 的使命是：解决项目不同阶段、不同参与方、不同软件之间的信息结构化组织管理和信息共享（交换），使得合适的人在合适的时候得到合适的信息，这个信息同时具备丰富、准确、及时等特性。

图 1-3 是 BIM 在建筑工程行业的应用流程图。

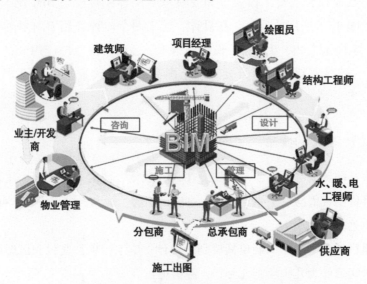

图 1-3　BIM 在建筑工程行业的应用流程图

1.2　BIM 的基本概念

BIM 的定义或解释有多种版本。McGraw Hill 在 2009 年发布的《BIM 的商业价值》市场调研报告中对 BIM 的定义比较简练，认为"BIM 是利用数字模型对项目进行设计、施工和运营的过程"。欧特克公司在 2002 年也提出：BIM 是指基于最先进的三维数字设计解决方案所构建的"可视化"的数字建筑模型，为设计师、建筑师和水、电、暖工程师、开发商乃至最终用户等各环节人员提供"模拟和分析"的科学协作平台，帮助他们利用三维数字模型对项目进行设计、建造及运营管理。

住房和城乡建设部发布的《建筑工程施工信息模型应用标准》中对建筑信息模型（BIM）这个术语有两层定义：① 建设工程及其设施物理和功能特性的数字化表达，在全生命周期内提供共享的信息资源，并为各种决策提供基础信息，简称模型；② 建筑信息模型的创建、使用和管理过程，简称模型应用。

以下是引用美国国家 BIM 标准（NBIMS）对 BIM 的定义，BIM 有三个层次的含义。

1）BIM 是一个设施（建设项目）物理和功能特性的数字表达。

2）BIM 是一个共享的知识资源，是一个分享有关这个设施的信息，为该设施从概念到拆除的全生命周期中的所有决策提供可靠依据的过程。

3）在项目不同阶段，不同利益相关方通过在 BIM 中插入、提取、更新和修改信息，以支持和反映其各自职责的协同作业。

美国国家 BIM 标准由此提出 BIM 和 BIM 交互的需求都应该基于以下几点。

1）一个共享的数字表达。

2）包含的信息具有协调性、一致性和可计算性，是可以由计算机自动处理的结构化信息。

3）基于开放标准的信息互用。

4）能以合同语言定义信息互用的需求。

在实际应用的层面，从不同的角度，对 BIM 会有不同的解读。

1）应用到一个项目中，BIM 代表着信息的管理，信息被项目所有参与方提供和共享，确保正确的人在正确的时间得到正确的信息。

2）对于项目参与方，BIM 代表着一种项目交付的协同过程，定义各个团队如何工作，多少团队需要一起工作，如何共同去设计、建造和运营项目。

3）对于设计方，BIM 代表着集成化设计、鼓励创新，优化技术方案，提供更多的反馈，提高团队水平。

美国 buildingSMART 联盟主席 Dana K. Smith 在其 BIM 专著中提出了一种对 BIM 的通俗解释，他将"数据—信息—知识—智慧"放在一个链条上，认为 BIM 本质上就是这样一个机制：把数据转化成信息，从而获得知识，让它们智慧地行动。理解这个链条是理解 BIM 价值以及有效使用建筑信息的基础。在 BIM 的动态发展链条上，业务需求（不管是主动的需求还是被动的需求）引发 BIM 应用，BIM 应用需要 BIM 工具和 BIM 标准，业务人员使用 BIM 工具和标准生产 BIM 模型及信息，BIM 模型和信息支持业务需求的高效优质实现。BIM 的世界就此得以诞生和发展。图 1 - 4 所示的"BIM 河洛图"，可以帮助大家了解 BIM 的基本概念。

图 1-4　BIM 河洛图

1.3　BIM 的特点

1.3.1　可视化

可视化即"所见即所得"的形式，它是 BIM 的一个固有特性。BIM 的工作过程和结果就是建筑物的实际形状（三维几何信息），加上构件的属性信息（例如门的宽度和高度）和规则信息（例如墙上的门窗移走了，墙就应该自然封闭）。对于建筑行业来说，可视化真正运用在建筑业中的作用是非常大的，例如施工中普遍应用的施工图纸，是各个构件的信息根据规范图集、标准等采用二维线条绘制在图纸上表达，但是其真正的构造形式就需要工程人员去想象了。而近几年建筑业的建筑形式各异，复杂造型在不断地推出，那么光靠想象可能就不能满足要求了，所以 BIM 提供了可视化的思路，将以往线条式的二维构件图转变成一种三维的立体实物图形展示在人们的面前。

在 BIM 建筑信息模型中，由于整个过程都是可视化的，所以可视化的结果不仅体现在效果图的展示及报表的生成，更重要的是，项目设计、建造、运营过程中的沟通、讨论、决策都在可视化的状态下进行。如图 1-5、图 1-6 所示为 BIM 环境下的可视化。

图 1-5　可视化（一）　　　　　　　　　图 1-6　可视化（二）

1.3.2　协调性

协调是建筑业中的工作重点，不论是施工单位还是业主或设计单位，都有协调及配合的工作内容。一旦项目的实施过程中遇到了问题，就要将各相关方组织起来开协调会，找出施工问题发生的原因，商讨解决办法，做出变更和补救措施。那么一定是要等到问题出现后再进行协调吗？我们来看这样一个例子，在设计时，暖通与土建专业是分开进行的，然而在管道施工中，图纸上的布置位置处恰好有结构设计的梁等构件在此妨碍管线布置。这就是施工中常遇到的碰撞问题，像这样的碰撞问题是否只能在问题出现之后再进行解决？BIM 的协调性服务就可以帮助处理这种问题，也就是说 BIM 建筑信息模型可在建筑物建造前期对各专业的碰撞问题进行协调，生成协调数据。当然 BIM 的协调作用并不仅仅是解决各专业间的碰撞问题，它还可以做好以下的协调。

➤ 地下排水布置与其他设计布置的协调；
➤ 不同类型车辆停车场的行驶路径与其他设计布置及净空要求的协调；
➤ 楼梯布置与其他设计布置及净空要求的协调；
➤ 市政工程布置与其他设计布置及净空要求的协调；
➤ 公共设备布置与私人空间的协调；
➤ 设备房机电设备布置与维护及更换安装的协调；
➤ 电梯井布置与其他设计布置及净空要求的协调；
➤ 防火分区与其他设计布置的协调；
➤ 排烟管道布置与其他设计布置及净空要求的协调；
➤ 房间门与其他设计布置及净空要求的协调；
➤ 主要设备及机电管道布置与其他设计布置及净空要求的协调；
➤ 预制件布置与其他设计布置的协调；
➤ 玻璃幕墙布置与其他设计布置的协调；
➤ 住宅空调管及排水管布置与其他设计布置及净空要求的协调；

➤ 排烟口布置与其他设计布置及净空要求的协调；

➤ 建筑、结构、设备平面图布置及楼层高度的检查及协调。

图1-7、图1-8所示为BIM中的协调性检查。

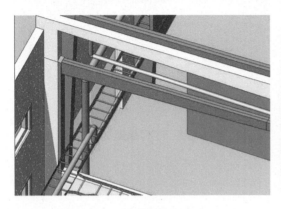

图1-7 协调性（一）

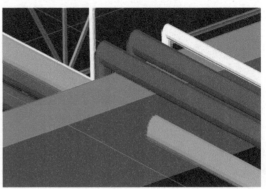

图1-8 协调性（二）

1.3.3 模拟性

没有BIM能做模拟吗？当然是可以的。但现实情况是，如果不利用BIM，模拟和实际建筑物的变化发展是没有关联的，实际上只是一种可视化效果。设计—分析—模拟一体化才能动态表达建筑物的实际状态，设计有变化，紧接着就需要对变化以后的设计进行不同专业的分析研究，同时需要马上把分析结果模拟出来，供业主对变化进行决策。

模拟性的意思是BIM建筑信息模型并不是只能模拟设计出的建筑物模型，还可以模拟不能够在真实世界中进行操作的事项。在设计阶段，BIM可以进行节能模拟、紧急疏散模拟、日照模拟、热能传导模拟等。在招标投标和施工阶段，可以进行4D模拟（三维模型加项目的发展时间），也就是根据施工组织设计来模拟实际施工，从而确定合理的施工方案以指导施工。同时还可以进行5D模拟（基于3D模型的造价控制），从而实现成本控制。后期运营阶段，可以进行日常紧急情况处理方式的模拟，例如地震时人员逃生模拟及人员消防疏散模拟等。如图1-9、图1-10所示为BIM中进行的模拟设计。

图1-9 模拟性（一）

图1-10 模拟性（二）

1.3.4　优化性

整个设计、施工、运营的过程就是一个不断优化的过程，虽然优化和 BIM 并不存在实质性的必然联系，但在 BIM 的基础上可以做更好的优化。优化受三种因素制约：信息、复杂程度和时间。没有准确的信息做不出合理的优化结果，BIM 模型提供了建筑物的实际存在的信息，包括几何信息、物理信息、规则信息，还提供了建筑物变化以后的实际存在。（例如，平面图中的门窗发生了更改，其立面图、剖面图和详图中会自动更改）建筑物的复杂性高到一定程度，参与人员本身的能力无法掌握所有的信息，必须借助一定的科学技术和设备的帮助。BIM 及与其配套的各种优化工具提供了对复杂项目进行优化的可能。基于 BIM 的优化可以做以下工作。

1）项目方案优化：把项目设计和投资回报分析结合起来，设计变化对投资回报的影响可以实时计算出来。这样业主对设计方案的选择就不会主要停留在对形状的评价上，而更多的可以使得业主了解哪种项目设计方案更有利于自身的需求。

2）特殊项目的设计优化：例如裙楼、幕墙、屋顶、大空间等这些到处都可以看到的异型设计，这些内容看起来占整个建筑的比例不大，但是占投资和工作量的比例和前者相比却往往要大得多，而且通常也是施工难度比较大和施工问题比较多的地方，对这些内容的设计、施工方案进行优化，可以带来显著的工期和造价改进。

3）限额设计：利用 BIM 可以进行真正意义上的限额设计。

图 1 - 11 是 BIM 中的优化过程。

图 1 - 11　优化性

1.3.5　可出图性

BIM 并不是为了出常见的二维建筑设计图纸及一些构件加工图纸，而是通过对建筑物进行可视化展示、协调、模拟、优化以后，可以帮助出如下图纸。

1）综合管线图（经过碰撞检查和设计修改，消除了相应错误以后）。

2）综合结构留洞图（预埋套管图）。

3）碰撞检查侦错报告和建议改进方案。

如图 1－12 所示就是 BIM 所出的图。

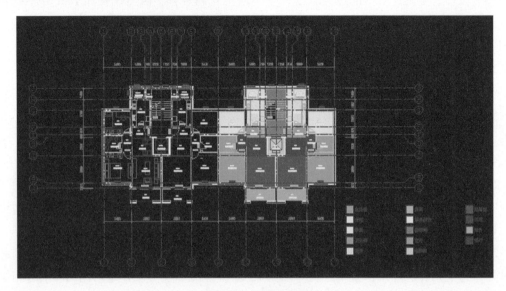

图 1－12　可出图性

综上所述，我们可以大体了解 BIM 的特点。BIM 技术在世界很多国家已经有了比较成熟的标准或者制度。BIM 技术在我国建筑市场要顺利发展，必须将 BIM 和国内的建筑市场特色相结合，才能够满足国内建筑市场的特色需求，同时 BIM 将会给国内建筑业带来一次巨大变革。BIM 技术的应用和推广是大势所趋，施工行业要走出一条绿色、智能、精益和集约的可持续发展之路，需要借 BIM 技术之"势"，明 BIM 建设之"道"，优 BIM 技术应用之"术"。

1.4　BIM 国内外应用现状

1.4.1　BIM 技术在国外的应用

BIM 技术是从美国发展起来，逐渐推广到欧洲、日韩等发达国家的，目前 BIM 在这些国家的发展态势和应用水平都达到了一定的程度，其中，又以美国的应用最为广泛和深入。

1. 美国

在美国，关于 BIM 的研究和应用起步较早。发展到现在，BIM 的应用已初具规模，各大设计事务所、施工企业和业主纷纷主动在项目中应用 BIM 技术，政府和行业协会也出台了各种 BIM 标准。有统计数据表明，2012 年，美国工程建设行业采用 BIM 的比例从 2007 年的 28% 增长至 71%，其中 74% 的承包商已经在实施 BIM 了，超过了建筑师（70%）及机电工程师（67%）的应用比例。

▶ **GSA**

早在 2003 年，为了提高建筑领域的生产效率、提升建筑业信息化水平，美国联邦总务署（GSA - General Service Administration）下属的公共建筑服务（Public Building Service）部门的首席设计师办公室（OCA - Office of the Chief Architect）推出了全国 3D-4D-BIM 计划。3D-4D-BIM 计划的目标是为所有对 3D-4D-BIM 技术感兴趣的项目团队提供"一站式"服务，虽然每个项目的功能、特点各异，OCA 将帮助每个项目团队提供独特的战略建议与技术支持，目前 OCA 已经协助和支持了超过 100 个项目。

GSA 认识到 3D 的几何表达只是 BIM 的一部分，而且不是所有的 3D 模型都能称之为 BIM 模型。但 3D 模型在设计概念的沟通方面已经比 2D 绘图要强很多。所以，即使项目中不能实施 BIM，至少可以采用 3D 建模技术。4D 在 3D 的基础上增加了时间维度，这对于施工工序与进度十分有用。因此，GSA 对于下属的建设项目有着更务实的认识，它承认委托的所有公司并不都是 BIM 专家，但至少使用了比 2D 绘图技术更先进的 3D、4D 技术，这已经是很大的进步了。

GSA 要求，从 2007 年起，所有大型项目（招标级别）都需要应用 BIM，最低要求是空间规划验证和最终概念展示都需要提交 BIM 模型。所有 GSA 的项目都被鼓励采用 3D-4D-BIM 技术，并且根据采用这些技术的项目承包商应用程序的不同，给予不同程度的资金支持。目前 GSA 正在探讨在项目生命周期中应用 BIM 技术，包括：空间规划验证、4D 模拟、激光扫描、能耗和可持续发展模拟、安全验证等，并陆续发布各领域的系列 BIM 指南，并在官网提供下载，对于规范和 BIM 在实际项目中的应用起到了重要作用。

因此，GSA 对 BIM 的强大宣贯直接影响并提升了美国整个工程建设行业对 BIM 技术的应用。

▶ **USACE**

美国陆军工程兵团（USACE - the U. S. Army Corps of Engineers）隶属于美国联邦政府和美国军队，为美国军队提供项目管理和施工管理服务。

2006 年 10 月，USACE 发布了为期 15 年的 BIM 发展路线规划，为 USACE 采用和实施 BIM 技术制定了战略规划，以此来提升规划、设计和施工质量、效率，如图 1 - 13 所示。在规划中，USACE 承诺未来所有军事建筑项目都将使用 BIM 技术。

图 1 - 13　USACE 针对 BIM、NBIMS 及互用性的长期战略目标

其实在发布发展路线规划之前，USACE 就已经采取了一系列的方式方法为 BIM 做准备了。USACE 的第一个 BIM 项目是由西雅图分区设计和管理的一个无家眷军人宿舍项目（图 1-14），利用 Bentley 系列的 BIM 软件进行碰撞检查以及工程算量。随后，在 2004 年 11 月，USACE 路易斯维尔分区在北卡罗来纳州的一个陆军预备役训练中心项目也实施了 BIM 技术的应用。2005 年 3 月，USACE 成立了项目交付小组（PDT - Project Delivery Team），研究 BIM 的价值并为 BIM 应用策略提供建议。发展路线规划即是 PDT 的成果。同时，USACE 还研究合同模板，制定合适的条款来促使承包商使用 BIM。此外，USACE 要求标准化中心（COS - Centers of Standardization）在标准化设计中应用 BIM，并提供指导。

图 1-14　无家眷军人宿舍 BIM 模型

在发展路线规划的附录中，USACE 还发布了 BIM 实施计划，主要是从 BIM 团队建设、BIM 关键成员的角色与培训、标准与数据等方面为 BIM 的实施提供指导。2010 年，USACE 又发布了分别基于 Autodesk 平台和 Bentley 平台的适用于军事建筑项目的 BIM 实施计划，并在 2011 年进行了更新。适用于民用建筑项目的 BIM 实施计划也已经发布。

▶ bSa

buildingSMART 联盟（bSa-buildingSMART alliance）是美国建筑科学研究院（NIBS-National Institute of Building Science）在信息资源和技术领域的一个专业委员会，成立于 2007 年，同时也是 buildingSMART 国际（bSI-buildingSMART International）的北美分会。bSI 的前身是国际数据互用联盟（IAI-International Alliance of Interoperability），其开发和维护了 IFC（Industry Foundation Classes）标准以及 openBIM 标准。

bSa 致力于 BIM 的推广与研究，使项目所有参与者在项目生命周期阶段都能共享准确的项目信息。BIM 通过收集和共享项目信息与数据，可以有效地节约成本、减少浪费。因此，美国 bSa 的目标是在 2020 年之前，帮助建设部门节约 31% 的浪费（节约近

4 亿美元）。

bSa 下属的美国国家 BIM 标准项目委员会（NBIMS-US, the National Building Information Model Standard Project Committee-United States）专门负责美国国家 BIM 标准（NBIMS-National Building Information Model Standard）的研究与制定。2007 年 12 月，NBIMS-US 发布了 NBIMS 第一版的第一部分，主要包括关于信息交换和开发过程等方面的内容，明确了 BIM 过程和工具的各方定义、相互之间数据交换要求的明细和编码，使不同部门可以开发充分协商一致的 BIM 标准，更好地实现协同。2012 年 5 月，NBIMS-US 发布了 NBIMS 第二版的内容。NBIMS 第二版的编写过程采用了一种开放投稿（各专业 BIM 标准）、民主投票决定标准内容（Open Consensus Process）的形式，因此，也被称为是第一份基于共识的 BIM 标准（图 1-15）。2013 年 6 月，NBIMS 第三版已经开始接受提案。

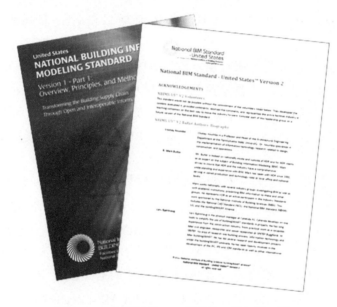

图 1-15 美国国家 BIM 标准第一版与第二版

2. 英国

2010 年、2011 年英国 NBS（National Building Specification）组织了全英的 BIM 调研，从网上 1000 份调研问卷中统计出最终的英国 BIM 应用情况。从调研报告中可以发现，2011 年，有 48% 的人仅听说过 BIM，而 31% 的人不仅听说过，而且在使用 BIM，有 21% 的人对 BIM 一无所知。这一数据不算太高，但与 2010 年相比，BIM 在英国的推广趋势却十分明显。2010 年，有 43% 的人从未听说过 BIM，而使用 BIM 的人仅有 13%，如图 1-16 所示。有 78% 的人同意 BIM 是未来趋势，同时有 94% 的受访人表示会在 5 年之内应用 BIM。

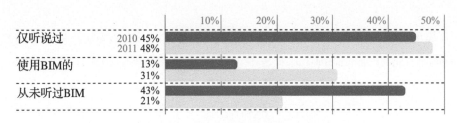

图1-16 英国BIM使用情况

与大多数国家建议应用 BIM 不同，英国政府要求强制使用 BIM。2011 年 5 月，英国发布了《政府建设战略》文件，其中有一个关于建筑信息模型（BIM）的章节，在这个章节中明确要求，到 2016 年，政府要求全面协同使用 3D·BIM，并将全部的文件进行信息化管理。为了实现这一目标，文件制定了明确的阶段性目标：2011 年 7 月发布 BIM 实施计划；2012 年 4 月，为政府项目设计一套强制性的 BIM 标准；2012 年夏季，BIM 中的设计、施工信息与运营阶段的资产管理信息实现结合；从 2012 年夏天起，分阶段为政府所有项目推行 BIM 计划；至 2012 年 7 月，在多个部门确立试点项目，运用 3D·BIM 技术来协同交付项目。文件也承认由于缺少兼容性的系统、标准和协议，以及客户和主导设计师的要求存在区别，大大限制了 BIM 的应用。因此，政府将重点放在制定标准上，确保 BIM 链上的所有成员能够通过 BIM 实现协同工作。

政府要求强制使用 BIM 的文件得到了英国建筑业 BIM 标准委员会〔AEC（UK）BIM Standard Committee〕的支持。迄今为止，英国建筑业 BIM 标准委员会已于 2009 年 11 月发布了英国建筑业 BIM 标准〔AEC（UK）BIM Standard〕，于 2011 年 6 月发布了适用于 Revit 的英国建筑业 BIM 标准〔AEC（UK）BIM Standard for Revit〕，于 2011 年 9 月发布了适用于 Bentley 的英国建筑业 BIM 标准〔AEC（UK）BIM Standard for Bentley Product〕。目前，标准委员会还在制定适用于 ArchiCAD、VectorWorks 的类似 BIM 标准，以及已有标准的更新版本。这些标准的制定都是为英国的建筑企业从 CAD 过渡到 BIM 提供切实可行的方案和程序，例如，该如何命名模型、如何命名对象、单个组件的建模、与其他应用程序或专业的数据交换等。特定产品的标准是为了在特定 BIM 产品应用中解释和扩展通用标准中一些概念而制定。标准委员会成员来自于日常使用 BIM 工作的建筑行业专业人员，所以这些服务不只停留在理论上，更能应用于 BIM 的实际实施。

2012 年，针对政府建设战略文件，还发布了《年度回顾与行动计划更新》的报告，报告显示，英国司法部下有四个试点项目在制定 BIM 的实施计划；在 2013 年底前，有望七个大的部门的政府采购项目都使用 BIM；BIM 的法律、商务、保险条款制定基本完成；COBie 英国标准 2012 已经在准备当中；大量企业、机构在研究基于 BIM 的实践。

英国的设计公司在 BIM 实施方面已经相当领先了，因为伦敦是众多全球领先设计企业的总部，如 Foster and Partners、Zaha Hadid Architects、BDP 和 Arup Sports，也是很多领先设计企业的欧洲总部，如 HOK、SOM 和 Gensler。在这些背景下，一个政府发布的强制使用 BIM 的文件可以得到有效执行，也因此英国的建筑企业与世界其他地方相比，发展速度更快。

3. 日本

在日本，BIM 的应用已扩展到全国范围，并上升到政府推进的层面。

日本的国土交通省负责全国各级政府投资工程，包括建筑物、道路等的建设、运营和工程造价的管理。国土交通省下设官厅营缮部，主要负责组织政府投资工程建设、运营和造价管理等具体工作。

在日本，有"2009 年是日本的 BIM 元年"之说。大量的日本设计公司、施工企业开始应用 BIM，而日本国土交通省也在 2010 年 3 月表示，已选择一项政府建设项目作为试点，探索 BIM 在设计可视化、信息整合方面的价值以及实施流程。

2010 年，日经 BP 社调研了 517 位设计院、施工企业及相关建筑行业从业人士，了解他们对于 BIM 的认识与应用情况。结果显示，BIM 的知晓度从 2007 年的 30.2% 提升至 2010 年的 76.4%。2008 年的调研显示，采用 BIM 的最主要原因是 BIM 绝佳的展示效果，而 2010 年人们采用 BIM 主要用于提升工作效率。另外，仅有 7% 的业主要求施工企业应用 BIM，这也表明日本企业应用 BIM 更多是企业的自身选择与需求。日本 33% 的施工企业已经应用 BIM 了，在这些企业中近 90% 是在 2009 年之前开始应用的。

日本软件业较为发达，在建筑信息技术方面也拥有较多的本国软件，BIM 需要多个软件来互相配合，而数据集成是基本前提，因此以福井计算机株式会社为主导，多家日本 BIM 软件商成立了日本本国解决方案软件联盟。此外，日本建筑学会于 2012 年 7 月发布了日本 BIM 指南，从 BIM 团队建设、BIM 数据处理、BIM 设计流程、应用 BIM 进行预算、模拟等方面为日本的设计院和施工企业应用 BIM 提供了指导。

4. 韩国

韩国有多个政府机关负责 BIM 应用标准的制定，如韩国国土海洋部、韩国教育部、韩国公共采购服务中心等。其中，韩国公共采购服务中心制定了 BIM 实施指南和路线图（图 1 - 17）。具体路线图为：2010 年 1 ~ 2 个大型施工 BIM 示范使用；2011 年 3 ~ 4 个大型施工 BIM 示范使用；2012 ~ 2015 年 500 亿韩元以上建筑项目全部采用 4D（3D + cost）的设计管理系统；2016 年实现全部公共设施项目使用 BIM 技术。

韩国国土海洋部分别负责在建筑领域和土木领域制定 BIM 应用指南。其中，《建筑领域 BIM 应用指南》于 2010 年 1 月完成发布。该指南是关于韩国建筑业业主、建筑师、设计师等采用 BIM 技术时必须的要素条件以及方法等的详细说明的文书。

	短期 （2010～2012年）	中期 （2013～2015年）	长期 （2016年~）
目标	通过扩大BIM应用来提高设计质量	构建4D设计预算管理系统	设施管理全部采用BIM，实行行业革新
对象	500亿韩元以上交钥匙工程及公开招标项目	500亿韩元以上的公共工程	所有公共工程
方法	通过积极的市场推广，促进BIM的应用；编制BIM应用指南，并每年更新；采取BIM应用的奖励措施	建立专门管理BIM发包产业的诊断队伍；建立基于3D数据的工程项目管理系统	利用BIM数据库进行施工管理、合同管理及总预算审查
预期成果	通过BIM应用提高客户满意度；促进民间部门的BIM应用；通过设计阶段多样的检查校核措施，提高设计质量	提高项目造价管理与进度管理水平；实现施工阶段设计变更最少化，减少资源浪费	革新设施管理并强化成本管理

图1-17　韩国BIM路线图

韩国buildingSMART协会是2008年4月成立的，该协会是以韩国建设领域BIM和尖端建设IT研究、普及和应用为目标而成立的，依托于buildingSMART总会的韩国分会。

buildingSMART Korea会员方面主要包括以下各方。

1）韩国主要建筑领域的公司，包括现代建设、三星建设、空间综合建筑事务所、大宇建设、GS建设等。目前总共有108家建筑公司。

2）各大学研究室，首尔大学、延世大学、庆熙大学、亚洲大学、庆北大学、成均馆大学均有研究室成为其会员。

3）政府机关方面包括韩国国土海洋部以及知识经济部·技术标准院。

4）此外，韩国建设技术研究院等政府研究所以及大韩建筑学会等韩国学会也均为其会员。

buildingSMART Korea主要推广活动如下。

1）定期举办国内国际论坛宣传推广BIM相关技术，例如2010年4月份在首尔举行的buildingSMART国际论坛等。

2）定期举办BIM相关技术培训，例如相关软件（Revit、ArchiCAD、Digital Project）的培训。

3）举办BIM竞赛。buildingSMART协会制定设计任务书和相关BIM数据规范及评估条例。例如2010年3月进行的韩国电力交易所的竞赛项目，该项目从空间要素条件评价、BIM基本数据质量评价、能量分析评价等方面进行了分析评价。

5. 新加坡

新加坡负责建筑业管理的国家机构是国家发展部下设的建设局（BCA）。在 BIM 这一术语引进之前，新加坡当局就注意到信息技术对建筑业的重要作用。早在 1982 年，BCA 就有了人工智能规划审批的想法，2000—2004 年，发展了 CORENET（Construction and Real Estate NETwork）项目，用于电子规划的自动审批和在线提交。

2011 年，BCA 发布了新加坡 BIM 发展路线规划，规划明确推动整个建筑业在 2015 年前广泛使用 BIM 技术。为了实现这一目标，BCA 分析了面临的挑战，并制定了相关策略（图 1-18）。

图 1-18　新加坡 BIM 发展策略

清除障碍的主要策略，包括制定 BIM 交付模板以减少从 CAD 到 BIM 的转化难度，2010 年 BCA 发布了建筑和结构的模板，2011 年 4 月发布了 M&E 的模板；另外，与新加坡 buildingSMART 分会合作，制定了建筑与设计对象库，并明确在 2012 年以前确定发布项目协作指南。

为了鼓励早期的 BIM 应用者，BCA 于 2010 年成立了一个 600 万新币的 BIM 基金项目，任何企业都可以申请。基金分为企业层级和项目协作层级，公司层级最多可申请 20000 新元，用以补贴培训、软件、硬件及人工成本；项目协作层级需要至少 2 家公司的 BIM 协作，每家公司、每个主要专业最多可申请 35000 新元，用以补贴培训、咨询、软件及硬件和人力成本。而且申请的企业必须派员工参加 BCA 学院组织的 BIM 建模、管理技能课程。

在创造需求方面，新加坡要求政府部门必须带头在所有新建项目中明确提出 BIM 需求。2011 年，BCA 与一些政府部门合作确立了示范项目。BCA 将强制要求提交建筑 BIM 模型（2013 年起）、结构与机电 BIM 模型（2014 年起），并且最终在 2015 年前实现所有建筑面积大于 5000m² 的项目都必须提交 BIM 模型的目标。

在建立 BIM 能力与产量方面，BCA 鼓励新加坡的大学开设 BIM 的课程，为毕业生组织密集的 BIM 培训课程。

1.4.2　BIM 技术在我国的应用状况

在我国香港地区，BIM 技术已经广泛应用于各类型房地产开发项目中，并于 2009 年成立了香港 BIM 学会。

近年来 BIM 在国内建筑业形成了一股热潮，除了前期软件厂商的积极推广外，政府相关单位、各行业协会与专家、设计单位、施工企业、科研院校等也开始重视并推广 BIM。目前国内的基本状况如下。

BIM 技术的现在与未来

1）大部分业内人士听说过 BIM，但是大部分人对 BIM 的理解尚处于表面层次。

2）对 BIM 的理解尚处于"春秋战国"时期，有相当大比例的从业人员认为 BIM 是一种软件，认为斯维尔、鲁班或者广联达软件就是 BIM。

3）有一定数量的项目在不同项目阶段和不同程度上使用了 BIM，其中最值得关注的是，作为中国第一高楼，上海中心大厦项目对项目设计、施工和运营的全过程 BIM 应用进行了全面规划，成为第一个由业主主导，在项目全生命周期应用 BIM 的标杆。

4）建筑业企业（业主、地产商、设计和施工等单位）和 BIM 咨询企业不同形式的合作是 BIM 项目实施的主要方式。

5）BIM 已经渗透到软件公司、BIM 咨询企业、科研院校、设计院、施工企业、地产商等建筑行业相关机构。

6）行业协会方面，中国房地产业协会商业地产专业委员会率先在 2010 年组织研究并发布了《中国商业地产 BIM 应用研究报告》（图 1-19 为引用报告中的数据），用于指导和跟踪商业地产领域 BIM 技术的应用和发展。

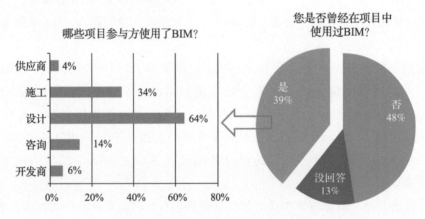

图 1-19　是否在项目中使用过 BIM

7）建筑业企业开始对 BIM 人才有需求，BIM 人才的商业培训和学校教育已经启动实施。

8）"十二五"期间，为尽快提升建筑业信息化水平，2012 年 5 月，住房和城乡建设部就印发了《2011—2015 年建筑业信息化发展纲要》，要求特级资质施工方企业基于企业资源计划的理念建立新的管理信息系统，一级资质施工方企业普及应用项目综合管理系统。该纲要对全国的施工企业提出的总体目标为："十二五"期间，基本实现建筑企业信息系统的普及应用，加快建筑信息模型（BIM）、基于网络的协同工作等新技术在工程中的应用，推动信息化标准建设。可以预计我国建筑业信息化在"十三五"期间将会快速发展，将重点发展 BIM。

9）建设行业现行法律、法规、标准、规范对 BIM 的支持和适应基本上都是在制定阶段，其中，BIM 国家标准已进入征求意见稿阶段，将于近期发布。

1.4.3　BIM 应用中存在的问题

虽然近几年 BIM 技术发展迅速，也得到了政府部门的大力支持，但是在 BIM 应用的实践过程中也遇到了一些问题和困难，主要体现在四个方面。

（1）BIM 应用软件方面

目前，市场上的 BIM 软件很多，但大多用于设计和招标投标阶段，施工阶段的应用软件相对匮乏。大多数 BIM 软件以满足单项应用为主，集成性高的 BIM 应用系统较少，与项目管理系统的集成应用更是匮乏。此外，软件商之间存在市场竞争和技术壁垒，使得软件之间的数据集成和数据交互困难，制约了 BIM 的应用与发展。

（2）BIM 数据标准方面

随着 BIM 技术的推广应用，数据孤岛和数据交换难的现象普遍存在。作为国际标准的 IFC 数据标准在我国的应用和推广不理想，而我国对国外标准的研究也比较薄弱，结合我国建筑工程实际对标准进行拓展的工作更加缺乏。在实际应用过程中，不仅需要像 IFC 一样的技术标准，还需要更细致的专业领域应用标准。

（3）BIM 应用模式方面

一方面，BIM 的专项应用多，集成应用少，BIM 的集成化、协同化应用，特别是与项目管理系统结合的应用较少；另一方面，一个完善的信息模型能够连接建设项目生命周期不同阶段的数据、过程和资源，为建设项目参与各方提供一个集成管理与协同工作的环境，但目前由于参建各方出于各自利益的考虑，不愿提供 BIM 模型，不愿协同，不愿精确和透明，无形之中为 BIM 的深入应用和推广制造了障碍。

（4）BIM 人才方面

BIM 从业人员不仅应掌握 BIM 工具和理念，还必须具有相应的工程专业或实践背景，不仅要掌握一两种 BIM 软件，更重要的是能够结合企业的实际需求制定 BIM 应用规划和方案，但这种复合型 BIM 人才在我国施工企业中相当匮乏。

1.4.4　BIM 技术的应用趋势

BIM 技术在未来的发展必须结合先进的通信技术和计算机技术才能够大大提高建筑工程行业的效率，预计将有以下几种发展趋势。

（1）移动终端的应用

随着互联网和移动智能终端的普及，人们现在可以在任何地点和任何时间来获取信息。在建筑设计领域，将会看到很多承包商为自己的工作人员配备这些移动设备，以后在工作现场就可以进行设计。

（2）无线传感器网络的普及

现在可以把监控器和传感器放置在建筑物的任何一个地方，针对建筑内的温度、湿度、

空气质量进行监测，然后再加上供热信息、通风信息、供水信息和其他控制信息，这些信息通过无线传感器在网络汇总之后，提供给工程师就可以对建筑的现状有一个全面充分的了解，从而为设计方案和施工方案提供有效的决策依据。

（3）云计算技术的应用

不管是能耗还是结构分析，或针对一些信息的处理和分析都需要利用云计算强大的计算能力，甚至，渲染和分析过程可以达到实时的计算，帮助设计师尽快地在不同的设计和解决方案之间进行比较。

（4）数字化现实捕捉

这种技术，可以通过对桥梁、道路、铁路等进行激光扫描，以获得早期的数据。未来设计师可以在一个3D空间中使用这种沉浸式、交互式的方式来进行工作，直观地展示产品开发的未来。

（5）协作式项目交付

BIM 是一个工作流程，是基于改变设计方式的一种技术，它改变了整个项目施工的方法，它是一种设计师、承包商和业主之间合作的过程，每个人都有自己非常有价值的观点和想法。所以，如果能够通过分享 BIM 让这些人都参与其中，而且在这个项目的全生命周期内都参与其中，那么，BIM 将能够实现它最大的价值。

1.5　现代建筑发展对建筑业的挑战和机会

1.5.1　当前建筑业的发展现状

建筑业是国民经济的支柱产业，它与整个国民经济的发展、人民生活的改善密切相关。改革开放以来，在中央加快转变经济增长方式、调整经济结构、促进经济平稳较快发展的一系列政策的引导下，民生工程、基础设施、生态环境建设的步伐不断加快，铁路、公路、机场建设齐头并进，房地产、保障房建设和棚户区改造工程持续推进，建筑业占 GDP 比重稳步上升。未来的几十年，国家各类重点项目建设、城市公共交通等基础设施建设、区域性房地产开发都将继续蓬勃发展，我国建筑业持续走高的态势，为建筑业人才市场带来了无限的生机。

从历史数据看，2014 年建筑业总产值 176713.40 亿元，完成竣工产值 110719.51 亿元。2015 年建筑业总产值 180757.5 亿元，全年全社会建筑业总产值实现增加值 4044.5 亿元。建筑业为国民经济的健康持续发展作出了重要贡献。2006 年以来，建筑业增加值占国内生产总值的比重始终保持在 5.7% 以上。2015 年虽然比上年有所回落，但仍然达到了 6.86%，与 2013 年持平，建筑业的国民经济支柱产业地位稳固。

在就业方面，建筑业也扮演了重要角色。2015 年底，全社会就业人员总数 77451 万人，其中，建筑业企业从业人数 5093.67 万人，占全社会从业人数的 6.6%。建筑业在推

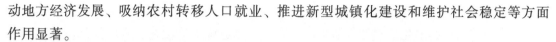

动地方经济发展、吸纳农村转移人口就业、推进新型城镇化建设和维护社会稳定等方面作用显著。

截至 2015 年底，全国共有建筑业企业 80911 家，其中国有及国有控股建筑业企业 6789 家，占建筑业企业总数的 8.39%。2015 年，按建筑业总产值计算的建筑企业劳动生产率为 324026 元/人。2015 年，全国建筑业企业实现利润 6451.23 亿元。近 10 年来，建筑业产值利润率（利润总额与总产值之比）一直曲折徘徊在 3.5% 左右。

1.5.2 现代建筑业发展的趋势

深化建筑业改革、加大工程质量治理行动，是"新常态"下对建筑业发展提出的新要求。从行政管理和市场内生性的角度看，"新常态"下建筑业发展将呈现以下几个趋势。

（1）经营范围趋向全球化

随着经济全球化的发展，国内和国际建筑市场已经实现了无缝对接，市场竞争在广度和深度上不断深入，竞争呈现全球化格局。国际市场上高附加值、高技术含量和综合性的项目增多，对承包商技术、资本、管理等能力的要求越来越高，需要一批具备工程总承包、项目融资、国际信贷、设备贸易等能力的企业。大型建筑企业要把经营范围摆在全球思考，一方面，继续深入实施"走出去"发展战略，抓住"一带一路"和京津冀、长江经济带这些重要的经济增长极，大力拓展内外市场。另一方面，主动与国内外优秀企业合作，学习借鉴成熟经验和管理模式，不断提升对外承包工程的竞争力。

（2）建设模式趋向一体化

我国现行的工程建设体制和管理模式分自行建设管理和委托建设管理，而委托建设管理包括两方面，一是"委托管理"，如代建制、项目管理；二是工程承包，如工程总承包、融资总承包。而设计、采购、施工一体化的工程总承包模式是国际通行的做法。实施工程总承包，既能节省投资、缩短工期、提高质量，又能推进企业技术创新、转型升级。但是，这项工作经过十多年的推行，至今进展缓慢，究其原因主要是受投资管理体制制约，现行的法律法规把设计、采购、施工等环节分离，造成招标时常常把设计、施工、物资供应等环节全部分开招标，各个施工标段划分越小越好，没有顾及管理协调难度和建设成本的增加。近年来，各地也在积极开展工程总承包的实践，不少企业大胆探索，通过项目的试点积累了宝贵的经验。例如，2014 年住建部授予浙江"工程总承包试点省份"。

（3）施工理念趋向低碳化

低碳发展是企业可持续发展的必然追求。低碳建筑施工作为建筑全生命周期中的一个重要阶段，是实现建筑领域资源节约和节能减排的关键环节，是建筑企业未来市场竞争的重要筹码。为此要把低碳施工理念融入到企业发展中，更加注重建筑全生命周期，加强技术研发和创新，注重新技术、新材料、新设备、新工艺的推广和应用，最大限度地节约资源、减少能耗，实现节能、节地、节水、节材和环境保护。

（4）生产方式趋向工业化

走"建筑设计标准化、构件部品生产工厂化、建造施工装配化和生产经营信息化"的新型建筑工业化之路，是现代建筑业发展的方向。从国外发达国家的发展经验可以看到，实施建筑工业化生产方式，在提升工程品质和安全水平、提高劳动生产率、节约资源和能源消耗、减少环境污染、减少建筑业对日益紧张的劳动力资源依赖等方面具有明显的优势。例如，目前浙江省正在大力推进新型建筑工业化工作，并通过"1010工程"（10个新型建筑工业化示范基地，10个示范项目）的示范带动取得了一定的成效。在今后的一段时间内，浙江建筑业在推进建筑工业化进程中，首先，要加强行政推动，通过政策引导、目标考核来培育建筑工业化有效市场。其次，要加强示范带动，通过建筑工业化示范基地和示范项目的建设，来带动整个面上的工作。第三，要加强技术支撑，通过关键技术研发和标准制定，建立相应的管理、设计、施工、安装建造体系。第四，要加强宣传，不断营造良好的发展氛围。

（5）行业结构趋向专业化

当前，建筑行业大、中、小企业角色分工基本相同，竞争呈现同质化。而走专业化发展道路是提升企业竞争力的关键。专业化的要求对大企业和小企业同样适用。对大型建筑企业来说，其资金、技术、人才资源都比较丰富，业务领域比较宽，可以通过内部资源的整合进行专业化的转变，如采用专业化的事业部模式，在内部实现专业人士从事专业业务，进一步提升竞争力。对于中小建筑企业来说，更要走专业化发展之路，这样才能集中资源，提高效率，提升竞争实力。

（6）劳动组织趋向人本化

行业竞争力的提升取决于以人为本的良性循环，传统经济理论以"物本"经济为其理论框架，用物质资源和实物商品关系，来解释和阐述物质资料生产和再生产的经济现象与经济规律。前几年，大部分建筑业企业强调"物本"的重要性，而忽视了人的价值。随着社会的发展，"对人的承诺，人是最宝贵的资源"等理论被提出，"物本"逐步向"人本"转变。以建筑业来说，首先，应善待建筑工人，积极改善生产作业和生活环境，维护其合法权益。其次，要建立合理的目标、良好的薪酬机制来激励员工，激发员工的工作热情，培养一批负责任、能力强的项目经理和班组长。第三，尊重所有参与工作的人，他们就能体会到自己的主人翁地位，从而产生对企业目标的认同感。第四，建立一种以相互依赖和信任为基础的企业文化，增强企业的凝聚力，共同营造快乐工作、幸福生活、共赢发展的良好局面。

（7）质量安全趋向标准化

大力规范、提升建筑实体和人的行为标准化，是解决质量安全工作的有效方法。在质量标准化方面，要把握质量行为标准化，明确工作标准，加强标准化制度建设；把握工程实体质量控制标准化，进行从建筑材料、构配件和设备进场的质量控制，到施工工序控制，以及质量验收全过程的标准化控制。在安全标准化方面，要强化安全管理制度和操作规程，加强危险性较大的分部分项工程的监控，及时排查和治理安全隐患，使施工现场的人、机、物始终处于安全状态。

1.5.3 现代建筑业发展面临的问题

我国建筑企业，特别是国有建筑企业主要存在九大类问题。

（1）社会职能难以摆脱，员工整体素质不高

我国国有建筑企业的社会职能长期以来难以彻底摆脱，离退休人员逐年增加，企业统筹外支出绝对数额居高不下，企业需要分流的人员，特别是富余人员数量偏多，合理的人员流动机制没有真正建立起来；员工队伍规模偏大，整体素质普遍不高；计划经济条件下的管理方法和经营理念没有真正改变，没有真正确立端正的市场观念，危机意识、竞争意识普遍不强。

（2）技术创新相对滞后

目前国内众多建筑企业在同一层次竞争，企业技术水平档次差距不大，技术特点、特色不明显。目前，知识资源是技术创新的第一要素，传统的生产要素（劳动力、土地、资本）已逐渐失去主导地位，前沿科技成为创新竞争的主要焦点。对建筑业来说，通过降低材料和劳动力成本来提高建筑产品竞争力的发展空间在逐渐缩小。强化以技术创新为核心的市场竞争力，才能提高竞争层次，形成独具特色的竞争优势，提高建筑生产的附加值。与高新技术接轨已经成为建筑业持续发展的必然选择。

（3）融资能力普遍较弱

没有融资能力和资金实力，必定会影响建筑企业的发展速度和发展水平，融资能力将决定企业的发展后劲。从景气调查资料来看，自建立景气调查制度以来建筑业流动资金景气指数始终处于不景气区间。随着建筑业对外开放和运作的国际化，开展国际工程承包要求承包商要有雄厚的资金作后盾，按照一般的国际惯例要求出具银行保函或一定数量的保证金。而我国建筑企业在向金融机构提出申请开具保函时，往往由于企业的财务状况不佳，或企业产权不清，无法得到银行保函，错失良机。提高企业的融资能力的主要途径有：① 寻求银企合作的办法，通过企业与银行建立伙伴关系，解决企业资金问题；② 开展企业合作，使资金得到有效的运用；③ 通过优势企业上市等办法，向社会筹集资金；④ 有条件的企业应积极操作 BT、BOT 等方式，通过滚雪球的办法提高自己的资金运作能力。

（4）市场开拓能力不强

企业的市场开拓能力取决于企业所提供产品的品质、顾客满意度、拓展市场的战略和策略以及所提供产品、服务的技术创新含量。企业要通过优良的质量、诚信的经营，赢得用户的信任，服务于特定的客户群，持久稳定地占据市场份额；通过了解业主的特殊需求并加以满足，给业主提供服务组合，占领既有市场；通过锲而不舍的努力，追踪项目，进行市场营销，开辟新市场，以一个项目为原点，辐射周边市场；通过企业收购、

兼并重组进入或拓展新的市场。在经济全球化的大背景下，我国建筑企业主动加入"走出去"的行列，在更大范围、更广领域、更高层次上参与国际经济合作与竞争，这需要企业通过对国际市场的分析，确定主要专业市场和区域市场目标；培养国际工程人才；转变企业机制，使之适应国际化企业的运作规律；学习国际商务经验，更灵活地驾驭国际工程承包市场。尽管许多建筑企业在上述各个方面已经取得了一定的经验，但市场开拓能力的提升仍有很大空间。

（5）工程总承包实施能力不高

建筑企业间的竞争长期以来都建立在低层次的价格竞争上，技术差异普遍不大。未来随着建筑行业格局的重组，大型工程公司逐步向工程总承包方向转变，主要依靠综合技术能力进行差异化竞争，提升竞争层次。工程总承包企业的核心竞争力体现在独创的工艺设计、设备采购以及对施工安装分包企业和土建设计的协调管理上，其融资能力的提升也是发展的重点。实施工程总承包要求企业集团的总部能有效进行职能转变，从松散的行政管理转向专业的业务管理，发挥统一指挥、调配等作用。

【案例】

2010年10月25日，我国较早进入海外市场的工程承包商中国铁建发布公告称，公司承建的沙特麦加轻轨项目（图1-20、图1-21）预计将发生巨额亏损。按当年9月底的汇率计算，总亏损额约为41.53亿元人民币。以中国铁建为首的工程承包企业，从2003年开始拓展海外工程市场，在2006年以后达到顶峰，其业务范围遍布欧、美、亚、非各大洲。但在迅速扩张、取得订单的过程中，这些海外工程企业的风险管理并未迅速跟进，造成巨大隐患。

对于中国建筑业来说，中国铁建的麦加轻轨项目并不是孤例，建筑业所面临的风险管理已经成为行业发展的一个重大隐患。

图1-20　沙特麦加轻轨（一）　　　　　图1-21　沙特麦加轻轨（二）

（6）综合管理水平亟待加强

现代企业制度的建立，经营机制的转换，人力资源管理体制、项目管理机制等方面的改革滞后，仍然是制约建筑企业提高竞争力的关键性、深层次原因。全行业的统计分析表明，国有企业或国有控股企业在市场竞争中的优势正在失去，而且呈现加速状态。因此，在现有改革基础上继续实施深化改革，调整产权结构，建立科学有效的公司治理结构，变革经营模式和机制，彻底改变传统的人事、用工、分配制度与政策，提高总分包机制下的项目管理与控制的综合水平，是提高企业竞争力的重要任务。

（7）品牌管理重视不够

建筑企业长期不重视公共宣传的作用，只是在施工项目现场悬挂标语和标识进行小范围的营销，或者制定的品牌战略不够实际。根据企业发展需要，建筑企业应提倡全员营销理念，提高企业知名度，树立企业品牌，扩大市场占有率。企业要保证在建工程质量，遵守合同承诺，改变维修服务的被动做法，主动回访客户，提供优质服务，树立承包商重信誉的企业形象，积极开展企业形象建设和管理工作，研究制定企业形象战略。

（8）建筑业信息化水平低下

根据相关分析研究报告，2002 年全球制造业和建筑业的规模相差无几，大约为 3 万亿美元左右，但是两者在信息技术方面的投入相差巨大。制造业约为 81 亿美元，建筑业约为 14 亿美元，建筑业的信息化投入只有制造业的 17%。

我国建筑业的信息化投入则更低。虽然 CAD 软件在设计企业的普及率非常高，但是 BIM 软件的应用总体来说还处在初级阶段，而施工企业则在整个信息化方面的投入更是严重不足。我国建筑行业信息化严重落后于其他行业，主要是由于建筑企业信息化的积极性不高。目前建筑企业的信息化大多数不是依靠企业自身驱动力去实施的，而主要是依赖国家政策的推动，如新的特级资质标准中对信息化建设的要求等，这也造成了行业技术创新不足。

（9）缺乏全生命周期理念和手段

建筑物从规划设计、施工建造，到竣工交付运营的全生命周期当中，建筑运营的周期达到几十年甚至更长，是时间最长的阶段；其次，运营阶段的投入也远比建造投资大。尽管建筑物竣工以后的运营管理不在传统的建筑业范围之内，但是建筑运营阶段所发现的问题绝大部分可以从前期——设计阶段和建造阶段找到根源。

一方面，建筑业普遍缺乏全生命周期的理念。在设计建造阶段往往不关注设施的全生命周期费用，不考虑今后运营时的节约和便利，而过多地考虑如何节省一次性投资，如何节省眼前的时间和精力，设备供货商往往较少考虑系统集成的协调和匹配。

另一方面，目前也缺少足够的有效手段来应对这种需求。全生命周期的必要前提是信息共享和应用。建设行业中各参与主体（如业主、设计方、施工方、运营维护管理方）间的信息交流还是基于纸介质，这种方式形成各专业系统间的信息断层，不仅使信息难以直接再利用，而且其链状的传递难免会造成信息的延误、缺损甚至丢失。在设计阶段，设计者无法利用已有的信息，设计信息的可利用价值大大降低；在施工阶段，由于传统设计信息表达的缺陷，信息传递手段的落后，使施工单位在投标时无法完全掌握设计信息，在施工时无法获取必要的信息，在项目交付时无法将信息交付给业主，从而造成了大量有用信息的丢失；在建筑物使用阶段，会积累新的信息，但这些信息仍然以纸张保存或存在于运营管理人员的头脑里，没有和前一阶段的信息进行集成。运营阶段的信息和经验很少再应用于新工程的设计和施工过程，信息丢失严重，建设工程生命周期信息的再利用水平极低。

1.5.4 建筑业应对的挑战和方法

1. 建筑项目本身的挑战

（1）建筑造型日趋复杂

建筑物的造型日趋复杂，而复杂的造型如何进行准确的图纸表达与专业协同，BIM 技术为此提供了前所未有的可能和潜力。

（2）建筑功能复杂程度高、综合性强

快节奏的都市化生活催生了城市综合体的发展。所谓"城市综合体"是将城市中的商业、办公、居住、旅店、展览、餐饮、会议、文娱和交通等城市生活空间的三项以上进行组合，并在各部分间建立一种相互依存、相互助益的能动关系，从而形成一个多功能、高效率的综合体。

【案例】

上海虹桥综合交通枢纽工程是上海功能性、网络化、枢纽型城市基础设施建设的标志性工程，是 2010 年上海世博会的重要配套项目，也是虹桥商务区的核心主体，总规划用地约 26 平方公里（图 1-22）。虹桥枢纽集民用航空、高速铁路、城际铁路、高速公路、磁浮、地面公交、出租汽车等多种交通方式于一体，可实现跨区域、大范围人流物流的快速集散，是国内乃至世界上最大的综合交通枢纽之一，日客流量将达到近110 万人次。

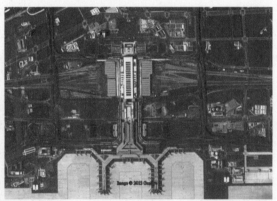

图 1-22 上海虹桥综合交通枢纽工程

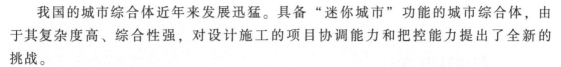

我国的城市综合体近年来发展迅猛。具备"迷你城市"功能的城市综合体，由于其复杂度高、综合性强，对设计施工的项目协调能力和把控能力提出了全新的挑战。

（3）建设项目规模庞大

随着我国经济发展和城市化进程，出现了投资额越来越大的基础设施建设项目，如机场、港口、园区、交通枢纽等，现代单体建筑项目的建筑面积越来越大，建筑高度也越来越高。规模庞大的建设项目，往往投资额大、建设周期长。

【案例】

上海中心大厦项目的投资额为 148 亿元，2008 年 12 月开工，2014 年 8 月全面结构封顶，2015 年年中投入运营使用，建设周期长达 80 个月，几百个不同的参与方在不同阶段参与项目，设计与施工的协调困难导致潜在的变更风险大，造成的项目返工和延误可能使建设单位遭受巨大的利益受损。同时，建设周期长使得建设单位管理的成本相对较高，也易导致投资成本失控。

2. BIM 在工程建设中的应用

目前，BIM 技术在工程建设中的应用体现在从多方面为项目精细化管理带来价值。

1）数据创建、管理、提供。BIM 技术创建、管理工程数据方便快速，可快速准确获取项目过程中各条线所需数据。

2）碰撞检查。复杂的工程，设计和施工方工程师都无法面对二维的蓝图将涉及的冲突问题——查清。几乎所有的工程都因几何关系的矛盾会碰撞而需要返工。由返工产生的材料、机械台班的损失和窝工引起的资源消耗是巨大的。利用 BIM 技术（应用软件）可自动检查分析碰撞的情况，提供碰撞检查报告，从根本上杜绝因碰撞引发的资源浪费、能耗和工期损失。

3）精确施工。利用 BIM 技术，进行精确断料、装饰块体的排版、模板的木工翻样、优化下料，可减少废料、减少材料损耗。

4）精确计划。项目的施工计划，由于预算工作的手工作业粗放、精确性低，资源（人、机、材）计划不准确；多余的材料要退场，缺少的材料要补充，会增加运输支出；早到的设备要等待，晚到的设备使工程现场等待，计划的不精确会导致严重的资源浪费，而利用 BIM 技术可以进行精确计划。

5）限额领料。因手工预算，发料部门无法及时获得所需量的准确数据，限额领料流程形同虚设。利用 BIM 技术能使这一问题彻底改变。

BIM 技术使 20 多年来工程建设项目的管理水平呈徘徊状态的难题得以突破解决，它是实现建筑业信息化跨越式发展的必然趋势，更是实现建设项目精细化管理、企业集约化经营的最有效途径。

1.6　如何认识 BIM

所谓 BIM（建筑信息模型）是指通过数字信息仿真模拟建筑物所具有的真实信息，在这里，信息的内涵不仅仅是几何形状描述的视觉信息，还包含大量的非几何信息，如材料的耐火等级、材料的传热系数、构件的造价、采购信息等。实际上，BIM 就是通过数字化技术在计算机中建立一座虚拟建筑，一个建筑信息模型就是一个单一的、完整一致的、具有逻辑性的建筑信息库。

BIM 的技术核心是一个由计算机三维模型所形成的数据库，不仅包含了建筑师的设计信息，而且可以容纳从设计到建成使用，甚至到使用周期终结的全过程信息，并且各种信息始终是建立在一个三维模型数据库中。

BIM 的应用不仅仅局限于设计阶段，而是贯穿于整个项目全生命周期的各个阶段。BIM 电子文件可在参与项目的各建筑企业间共享。

建筑设计专业可以直接生成三维实体模型；结构专业则可取其中墙体材料强度及墙上孔洞大小进行计算；设备专业可以据此进行建筑能量分析、声学分析、光学分析；施工单位则可取其墙上混凝土类型、配筋等信息进行水泥等材料的备料及下料；开发商则可取其中的门窗类型、工程量等信息进行工程造价预算、产品定货等；而物业单位也可以用它进行可视化物业管理。BIM 信息在整个建筑行业从上游到下游的各个企业间不断完善，从而可实现项目全生命周期的信息化管理，最大化地实现 BIM 的意义。

1.6.1　不同项目阶段的 BIM 应用

美国国家标准和技术研究院关于工程项目信息使用的有关资料中把项目的生命周期划分为 6 个阶段：①规划和计划；②设计；③施工；④交付和试运行；⑤运营和维护；⑥处置。每个阶段都有相应的信息使用要求，简单介绍如下。

1. 规划和计划阶段

规划和计划在国内一般是由建设单位或者政府单位发起的。这个阶段需要的信息是最终用户根据自身业务发展的需要对现有设施的条件、容量、效率、运营成本和地理位置等要素进行评估，以决定是否需要建设或者改造项目。这个分析既包括财务方面，也包括物业实际状态方面。

如果决定需要启动一个建设或者改造项目，下一步就是细化上述业务发展的需求，这也是开始聘请专业咨询公司（建筑师、工程师等）的时间点，这个过程结束以后，设计阶段就开始了。如图 1－23 所示为 BIM 在规划阶段的应用。

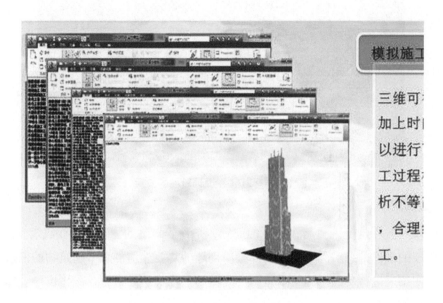

图 1－23　BIM 在规划阶段的应用

2. 设计阶段

设计阶段的任务是解决"做什么"的问题。设计阶段把规划和计划阶段的需求转化为对这个建筑物的物理描述，这是一个复杂而关键的阶段，在这个阶段做决策的人以及产生信息的质量会对物业的最终效果产生最大程度的影响。设计阶段创建的大量信息，虽然相对简单，但却是物业生命周期所有后续阶段的基础。不同专业人员在这个阶段介入设计过程，包括建筑师、土木工程师、结构工程师、机电工程师、室内设计师、造价工程师等，而且这些人可能分属于不同的机构，因此他们之间的实时信息共享非常关键，但真正能做到的却很少。

传统情形下，影响设计的主要因素包括建筑物计划、建筑材料、建筑产品和建筑法规，其中建筑法规包括土地使用、环境、设计规范、试验等。

近年来，施工阶段的可建性和施工顺序问题，制造业的车间加工和现场安装方法以及精益施工体系中的"零库存"设计方法被越来越多地引入设计阶段。

设计阶段的主要成果是施工图和明细表，典型的设计阶段通常在进行施工承包商招标的时候结束，但是对于 DB（设计-施工）、EPC（设计-采购-施工）等项目实施模式来说，设计和施工是两个连续进行的阶段。

如图 1－24 所示是 BIM 在设计阶段的应用示例。

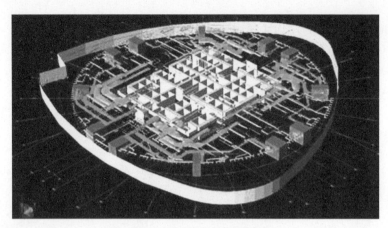

图 1-24　BIM 在设计阶段的应用

3. 施工阶段

施工阶段的任务是解决"怎么做"的问题，是让建筑物的物理描述变成现实的阶段。

施工阶段的基本信息实际上就是设计阶段创建的将要建造的那个建筑物的信息，传统上通过图纸和明细表进行传递。施工承包商在此基础上增加产品来源、深化设计、加工、施工排序和施工计划等信息。

设计图纸和明细表的完整和准确是施工能够按时、按造价完成的基本保证，而事实却并非乐观。由于设计图纸的错误、遗漏、协调性问题以及其他质量问题经常会导致大量工程项目的施工过程超工期、超预算。

大量的研究和实践表明，富含信息的三维数字模型可以改善设计方交给施工方的工程图纸文档的质量、完整性和协调性。而使用结构化信息形式和标准信息格式可以使得施工阶段的应用软件，例如施工计划软件等，可以直接利用设计模型。图 1-25 是 BIM 在施工阶段的应用。

图 1-25　BIM 在施工阶段的应用

4. 交付和试运行阶段

当项目基本完工，最终用户开始入住或使用该建筑物的时候，交付就开始了，这是由施工向运营转换的一个相对短暂的时间，但是通常这也是从设计和施工团队获取设施信息的最后机会。正是由于这个原因，从施工到交付和试运行的这个转换点被认为是项目生命周期中最关键的节点。

（1）项目交付

在项目交付阶段，业主认可施工工作、交接必要的文档、进行培训、支付保留款、完成工程结算。虽然每个项目都要进行交付，但并不是每个项目都需要进行试运行。

在传统的项目交付过程中，信息要求集中于项目竣工文档、实际项目成本、实际工程和计划工期的比较、备用部件、维护产品、设备和系统培训操作手册等，这些信息主要由施工团队以纸质文档形式进行递交。

（2）项目试运行

试运行是一个系统化过程，这个过程确保和记录所有的系统和部件都能按照明细和最终用户要求，以及业主运营需要完成其相应的功能。根据美国建筑科学研究院的研究，一个经过试运行的建筑其运营成本要比没有经过试运行的减少 8% ~ 20%。相比较而言，试运行的一次性投资大约是建造成本的 0.5% ~ 1.5%。

使用项目试运行方法，信息需求来源于项目早期的各个阶段。最早的计划阶段定义了业主和设施用户的功能、环境和经济要求；设计阶段通过产品研究和选择、计算和分析、草稿和绘图、明细表以及其他描述形式将需求转化为物理现实，这个阶段产生的大量信息被传递到施工阶段。连续试运行概念要求从项目概念设计阶段就考虑试运行需要的信息要求，同时在项目发展的每个阶段都要随时收集这些信息。

5. 运营和维护阶段

虽然设计、施工和试运行等活动是在数年之内完成的，但是项目的生命周期可能会延伸到几十年甚至几百年，因此运营和维护是最长的一个阶段，当然也是成本花费最大的一个阶段。运营和维护阶段是能够从递交的结构化信息中获益最多的项目阶段。

运营和维护阶段的信息需求包括设施的法律、财务和物理信息等各个方面，信息的使用者包括业主、运营商（包括设施经理和物业经理）、住户、供应商和其他服务提供商等。

1）法律信息。包括出租、区划和建筑编号、安全和环境法则等。

2）财务信息。包括出租和运营收入、折旧计划、运维成本。

3）物理信息。几乎完全可以来源于交付和试运行阶段设备和系统的操作系数，质量保证书、检查和维护计划，维护和清洁用的产品、工具、备件。

此外，运维阶段也产生自己的信息，这些信息可以用来改善设施性能，以及支持设施扩建或清理的决策。运维阶段产生的信息包括运行水平、入住程度、服务请求、维护计划、检验报告、工作清单、设备故障时间、运营成本、维护成本等。

另外，还有一些在运营和维护阶段对建筑物造成影响的项目，例如住户增建、扩建、改建、系统或设备更新等，每一个这样的项目都有自己的生命周期、信息需求和信息源，实施这些项目最大的挑战就是根据项目变化来更新整个设施的信息库。

6. 处置

建筑物的处置有资产转让和拆除两种方式。

如果是资产转让的话，关键的信息包括财务和物理性能数据，如设施容量、出租率、土地价值、建筑系统和设备的剩余寿命、环境整治需求等。

如果是拆除的话，需要的信息包括需要拆除的材料数量和种类、环境整治需求、设备和材料的废品价值、拆除结构所需要消耗的能量等，这里的有些信息需求可以追溯到设计阶段的计算和分析工作。

本书第 2 章中将详细介绍项目各个阶段的 BIM 应用。

1.6.2　不同项目参与方的 BIM 应用

2007 年发布的美国国家 BIM 标准，对 BIM 能够给项目不同参与方和利益相关方带来的利益进行了如下说明。

1）业主：所有的物业的综合信息，按时、按预算进行物业支付。

2）规划师：集成场地现状信息和公司项目规划要求。

3）经纪人：场地或设施信息支持买入或卖出。

4）估价师：设施信息支持估价。

5）按揭银行：关于人口统计、公司、生存能力的信息。

6）设计师：规划、场地信息和初步设计。

7）工程师：在 BIM 模型中输入信息，反馈到设计和分析软件。

8）成本和工程量预算师：使用 BIM 模型得到精确工程量。

9）明细人员：从智能对象中获取明细清单。

10）合同人员和律师：更精确的法律描述，无论应诉还是起诉都更精确。

11）施工承包商：智能模型支持投标、订货以及得到模型存储的信息。

12）分包商：可进行更清晰的沟通；获得上述和承包商同样的支持。

13）预制加工商：使用智能模型进行数控加工。

14）施工计划人员：使用模型优化施工计划，分析可建性问题。

15）规范负责人（行业主管部门）：使用规范检查软件处理模型信息更快更精确。

16）试运行人员：使用模型确保设施按设计要求建造。

17）设施经理：提供产品、保修和维护信息。

18）维修保养人员：确定产品进行部件维修或更换。

19）翻修重建人员：最小化预料之外的情况以及由此带来的成本节约。

20）废弃和循环利用：更好地判断哪些可以循环利用。

21）模拟：数字化建造设施以消除专业之间的冲突。

22）安全和职业健康：知道使用了什么材料以及相应的材料安全数据。

23）环境：为环境影响分析提供更好的信息。

24）工厂运营：工艺流程三维可视化。

25）能源：BIM 支持更多设计方案比较使得能源优化分析更易实现。

26）安保：智能三维对象更有助于帮助发现漏洞。

27）网络经理：三维实体网络计划对故障排除作用巨大。

28）CIO（首席信息官）：为更好的商业决策提供现有基础设施信息。

29）风险管理：帮助对潜在风险和如何避免及最小化有更好的理解。

30）居住（使用）支持：对于读不懂平面图的非专业人士，BIM 提供的是三维视图，可视化效果可帮助定位。

31）第一反应人（运维阶段的模型管理人员）：及时和精确的信息帮助生命和财产的最小化损失。

2010 年 4 月，在韩国 buildingSMART 年会上，美国 buildingSMART 联盟（美国 BIM 标准制定机构）主席 Dana Smith 先生就 BIM 对各个参与方的潜在利益大小以及目前应用水平进行了分析，如图 1 - 26 所示。

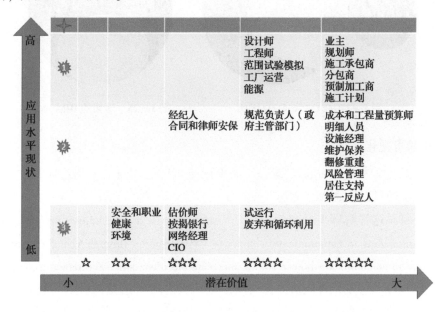

图 1 - 26　项目利益相关方的 BIM 潜在价值和目前的应用水平

1.6.3　BIM 与相关技术和方法

在 BIM 产生和普及应用之前及其过程中，建筑行业使用了不同种类的数字化及相关技术和方法，包括CAD、可视化、参数化、CAE、GIS、协同等，那么这些技术和方法与BIM之间的关系如何呢？BIM是如何和这些相关技术和方法一起来帮助建筑业实现产业提升的呢？这些内容涉及的范围非常广，这里只对在现阶段与BIM密切相关的技术和方法做一些简单的介绍。

1. BIM 和 CAD

BIM和CAD是两个经常要碰到的概念，目前工程建设行业的现状是人人都在用CAD，另外，越来越多的人知道了一种新技术叫作BIM，而且听到、遇到的频率也越来越高，运用BIM技术的项目和人在慢慢多起来，这方面的资料也慢慢多起来。

图1-27表示目前CAD和BIM的现状，把BIM和CAD两个圆画成相切而不是相交的原因是因为目前二维图纸仍然是表达建设项目的唯一合法的法律文件形式，而目前的BIM软件完成这个工作的能力还有待大大提高。

图1-28表达的是理想的BIM环境，这个时候CAD能做的工作是BIM能做的工作的一个子集。

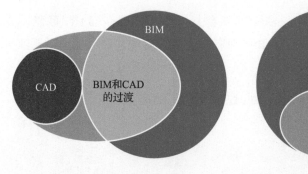

图1-27　BIM 和 CAD 现状　　　　图1-28　理想的 BIM 环境

2. BIM 和可视化

可视化是对英文Visualization的翻译，如果用建筑行业本身的术语应叫作"表现"，与之相对应，施工图可以称之为"表达"。

英文维基百科这样解释Visualization："Visualization is any technique for creating images, diagrams, or animations to communicate a message. Visualization through visual imagery has been an effective way to communicate both abstract and concrete ideas since the dawn of man."

大致意思是说"可视化是创造图像、图表或动画来进行信息沟通的各种技巧，自从人类产生以来，无论是沟通抽象的还是具体的想法，利用图画的可视化方法都已经成为一种有效的手段。"

从这个意义上来说，实物的建筑模型、手绘效果图、照片、电脑效果图、电脑动画都属于可视化的范畴，符合"用图画沟通思想"的定义，但是二维施工图不是可视化，因为施工图本身只是一系列抽象符号的集合，是一种建筑业专业人士的"专业语言"，而不是一种

"图画"，因此施工图属于"表达"范畴，也就是把一件事情的内容讲清楚，但不包括把一件事情讲的容易沟通。

在目前 CAD 和可视化作为建筑业主要数字化工具的时候，CAD 图纸是项目信息的抽象表达，可视化是对 CAD 图纸表达的项目部分信息的图画式表现，由于可视化需要根据 CAD 图纸利用 3dsMax 等软件重新建立三维可视化模型，这就造成了时间和成本的增加，发生错误的概率也必然增大。此外，在施工过程中设计变更一直存在，这就导致 CAD 图纸是在不断调整和变化的，这种情形下，要让可视化的模型和 CAD 图纸始终保持一致，成本是相当高的。所以在当前情况下，效果图做好后很少进行更新以保持和 CAD 图纸一致。这也就是为什么目前情况下项目建成的结果和可视化效果不一致的主要原因之一。

使用 BIM 以后，这种情况就会发生改变，首先 BIM 本身就是一种可视化程度比较高的工具，而可视化是在 BIM 基础上的更高程度的可视化表现。其次，由于 BIM 包含了项目的几何、物理和功能等完整信息，可视化可以直接从 BIM 模型中获取需要的几何、材料、光源、视角等信息，不需要重新建立可视化模型，可视化资源可以集中到提高可视化效果上来，而且可视化模型可以随着 BIM 设计模型的改变而动态更新，保证可视化与设计的一致性。第三，由于 BIM 信息的完整性以及与各类分析计算模拟软件的集成，拓展了可视化的表现范围，例如 4D 模拟、突发事件的疏散模拟、日照分析模拟等。

建筑工程BIM概论
jian zhu gong cheng BIM gai lun

第 2 章　　BIM 应用

02

建筑设计阶段
的 BIM 应用

2.1　BIM 在设计阶段

2.1.1　BIM 在设计阶段的价值

在设计阶段，由于设计工作本身的创意性、不确定性，设计过程中有很多未确定因素，专业内部以及各专业之间需要进行大量的协调工作。在运用 CAD 及其他专业软件的设计过程中，由于各类软件本身的封闭性，在各专业内部及专业之间，信息难以及时交流。而 BIM 本身作为信息的集合体，就是通过数据之间的关系来传递信息，通过在模型中建立各种图元之间的关系，表达各种模型或者构件的全面详尽信息；同时，借助于 BIM 软件本身的智能化，建筑设计行业正在从软件辅助建模向智能设计方向发展。BIM 的采用成为建筑设计行业跨越式发展的里程碑。

BIM 技术可以降低设计人员的工作量，提高设计效率。

1）利用 BIM 模型提供的信息，可从设计初期开始对各个发展阶段的设计方案进行各种性能分析、模拟和优化，例如日照、风环境、热工、景观可视度、噪声、能耗、应急处理、造价等，从而得到具有最佳性能的建筑物。而利用 CAD 完成这些工作，则需要大量的时间和人力物力投入，因此目前除了特别重要的建筑物有条件开展这项工作以外，绝大部分建筑物的所谓性能分析都还处于合规验算的水平，离主动、连续的性能分析还有很大差距。

2）利用 BIM 模型对新形式、新结构、新工艺和复杂节点等施工难点进行分析模拟，从而可改进设计方案以利于现场施工实现，使原本在施工现场才能发现的问题尽早在设计阶段就得到解决，以达到降低成本、缩短工期、减少错误和浪费的目的。

3）利用 BIM 模型的可视化特性和业主、施工方、预制商、设备供应商、用户等对设计方案进行沟通，提高效率，降低错误。

4）利用 BIM 模型对建筑物的各类系统（建筑、结构、机电、消防、电梯等）进行空间协调，保证建筑物产品本身和施工图没有常见的错、漏、碰、缺现象。

5）CAD 能够帮助设计人员绘图，但是不够智能，不能协同设计。随着建筑业的发展，设计所涵盖的面更广，工作量也更大，系统性也更强，所需求和产生的信息量巨大。随着

BIM 技术的出现，使建筑设计在信息化技术方面有了巨大的进步。BIM 技术是通过数据之间的关系来传递信息，在模型中建立各种构件图元之间的关系，从而全面详尽地表达各种构件的信息。

6）表达建筑物的图纸主要有平面图、立面图和剖面图三种。设计师一般利用 CAD 软件分别绘制不同的视图；利用 BIM 模型，不同的视图可以从同一个模型中得到。尤其是当改变其中一个门或一堵墙的类型的时候，通常设计师需要在平立剖、工程量统计等文件中逐个修改，而利用 BIM，只要在模型中进行修改，就会体现在图纸、工程量中。传统设计中，除了平立剖图纸本身，结构计算、热工计算、节能计算、工程量统计等，都需要逐个修改模型参数进行重新计算来反映某个变化对各项建筑指标的影响。而利用 BIM，这个变化对后续工作的影响评估将变成高度自动化。

通过使用 BIM 技术，设计师可以完成目前建设环境下（项目复杂、规模大、时间紧、设计费不高、竞争激烈）使用 CAD 几乎无法完成的工作，从而使得设计的项目性能和质量有根本性的提高。

2.1.2　BIM 在设计阶段的实施流程

在二维 CAD 建筑设计中，各种图纸设计都是分开的，需要做很多重复工作，工作量大且专业间经常会出现不一致的错误，导致设计人员有很大一部分精力放在了这些繁杂环节上，而不是在设计工作上。在以三维技术为核心的 BIM 中，只要建立模型，每个专业内部、专业之间，按照统一规定来完成相应的工作就可以了，其他内容由 BIM 软件来完成，设计人员不需要将大部分的时间用在图纸绘制、专业协调等繁杂环节，而是将侧重点更多地放在设计工作的核心任务上。以建筑结构设计为例，下面是以前和现在的两种设计方式的对比（图 2-1）。

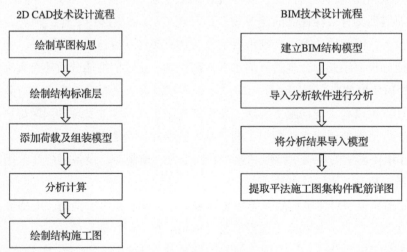

图 2-1　设计方式的对比

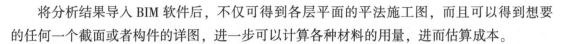

将分析结果导入 BIM 软件后，不仅可得到各层平面的平法施工图，而且可以得到想要的任何一个截面或者构件的详图，进一步可以计算各种材料的用量，进而估算成本。

目前各大设计院基本都是采用 CAD 软件作为设计绘图工具，极大提高了设计人员的工作效率，但从整个设计流程来看，这还远远不够。CAD 软件辅助设计的协调工作能力比较差，需要手动进行关联内容的修改，而且工作量很大，非常繁琐。而在 BIM 设计中，BIM 靠数据进行模型的建立和维护，BIM 中的数据必须通过协调一致性来维持数据的管理和操作，所以 BIM 设计中能够实现数据的智能化协调。二者相比，BIM 通过参数化管理以及 BIM 的协调一致性功能，对模型中的视图进行管理和操作相当简单和方便，例如，如果模型中门 A 和门 B 之间设定了距离为 2m，那么当两个门所在的墙移动后，门的距离还是不变，并且，具有相同属性的门之间的距离也是一样不变的，BIM 技术的这种数据联动性使 BIM 设计的修改和管理更加方便。

2.1.3　BIM 在设计阶段的协同设计

在设计过程中，专业内部及各专业间的设计协同是令设计人员很头痛而且是很容易出错的事情。在 BIM 设计中，BIM 模型本身就是信息的集合体，依靠各专业提供数据和进行完善，BIM 模型也为各专业提供数据和服务，因此，协同性是 BIM 技术的自身特性。

采用 BIM 设计，可促进各专业之间的配合能力。BIM 技术从三维技术上对建筑模型进行协调管理，它涵盖建筑的各个方面，从设计到施工、再到设备管理，互相结合，推动项目高质量快速发展。例如，建筑专业设计模型建立完成之后，可以利用建筑模型与相对应的配套软件进行衔接，进行节能和日照等的分析；结构设计专业对相应的具体部位进行结构计算；设备则可以进行管道和暖通系统的分析。另外，在传统的 CAD 平面设计中，管线是一个很头疼的问题，各专业只针对自己专业进行设计和计算分析，没有考虑或者很难考虑将其他专业的设计图纸结合到一起时，管线会不会干扰正常施工或者会穿过主要结构构件等。但是在 BIM 中这个问题很容易解决，BIM 技术通过管线碰撞的方式，利用同一个建筑模型进行协调操作，方便快捷、准确率高。利用 BIM 平台，通过一个建筑模型，来协调处理建筑与结构、结构与设备、设备与建筑等之间的问题，方便直观、一目了然，而且会自动生成报告文件。这样就可以大大节省查找的工作时间，从而提高工作效率。BIM 技术可以简化设计人员对设计的修改，BIM 数据库可自动协调设计者对项目的更改，如平、立、剖视图，只修改一处，其他处视图可自动更新。BIM 技术的这种协调性能避免了专业不协调所带来的问题，使工作的流程更加畅通，效率更高，使建筑项目这个大的团队工作更加协调，工作更加快捷、省时省力。

此外，BIM 技术所涵盖的方面很广，不只适用于建筑本身，还可以伴随着建设项目的进展，对项目进行管理调节等。由于 BIM 技术的应用伴随着建筑的全生命过程，且以数据信息为基础，协调各专业之间的协作，所以可以在建设的各个阶段为各专业间提供一个可以数

据共享的系统，使各专业交流协作更方便，给设计人员带来极大的便利。在设计阶段，各专业间设计人员通过 BIM 模型交流；在施工阶段，通过 BIM 模型，设计人员与现场施工人员很容易交流解决施工中遇到的设计问题；在使用及维修阶段，通过 BIM 模型，设计人员很容易指导物业管理人员解决遇到的问题。

2.1.4　BIM 在设计阶段的应用现状和发展趋势

目前，BIM 技术仍处于起步阶段，还需要做大量的工作。在设计领域仅仅是在逐步替代 CAD，远没有发挥出自身的优越性。以建筑结构设计为例，目前主要是通过有限元结构分析软件（如 PKPM）做建筑结构的设计和受力变形分析，将计算结构导入到二维软件（如 CAD）中进行结构施工图的绘制（如平法）。而采用 BIM 技术时，首先要在 BIM 软件中建实体模型，之后将实体物理模型导入相应的结构分析软件，进行结构分析计算，再从分析软件中分析设计信息，进行动态的物理模型更新和施工图设计，从而将结构设计和施工图的绘制二者相统一，实现无缝连接，极大地提高了设计人员的工作效率。但目前应用中，BIM 技术还很不完善，结构设计在建立 BIM 模型时，不仅要输入大量数据（如单元截面特性、材料力学特性、支座条件、荷载和荷载组合等）来建立模型，还需考虑物理模型转化为二维施工图的形式、该物理模型能否导入第三方的结构分析软件进行模型的计算和分析等问题，因此，各类软件之间的双向无缝衔接等问题还制约着 BIM 技术在设计领域的应用。

随着 BIM 技术的快速发展以及相关软件的开发及完善，BIM 技术也将被设计行业进一步认可并大力推广应用。由于 BIM 的集成性，涉及的环节非常多，当前 BIM 技术在很多方面仍很薄弱或空缺，影响到了 BIM 在设计领域的应用。但这些问题将会被逐步解决，BIM 技术将逐渐成为设计行业的基础设计工具。

2.2　BIM 在招标投标阶段

随着国家经济发展、政策导向调整，建筑行业中设计、施工招标投标日渐激烈。对投标方而言，不仅自身要有技术、管理水平，还要充分掌握招标项目的细节并展示给招标方，争取中标。投标方要在较短的投标时间内以较少的投标成本来尽可能争取中标，并不是一件容易的事情。随着 BIM 技术的推广应用，其为投标方带来了极大的便利。

2.2.1　BIM 在招标投标阶段的应用

1. 基于 BIM 的施工方案模拟

借助 BIM 手段可以直观地进行项目虚拟场景漫游，在虚拟现实中身临其境般地进行方案体验和论证。基于 BIM 模型，对施工组织设计进行论证，就施工中的重要环节进行可视化模拟分析，按时间进度进行施工安装方案的模拟和优化。对于一些重要的施工环节或采用

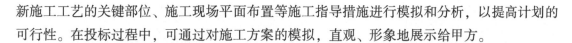

新施工工艺的关键部位、施工现场平面布置等施工指导措施进行模拟和分析，以提高计划的可行性。在投标过程中，可通过对施工方案的模拟，直观、形象地展示给甲方。

2. 基于 BIM 的 4D 进度模拟

建筑施工是一个高度动态和复杂的过程，当前建筑工程项目管理中用于表示进度计划的网络计划，由于专业性强、可视化程度低，无法清晰描述施工进度以及各种复杂关系，难以形象地表达工程施工的动态变化过程。通过将 BIM 与施工进度计划相链接，将空间信息与时间信息整合在一个可视的 4D（3D＋Time）模型中，可以直观、精确地反映整个建筑的施工过程和虚拟形象进度。4D 施工模拟技术可以在项目建造过程中合理制订施工计划、精确掌握施工进度，优化使用施工资源以及科学地进行场地布置，对整个工程的施工进度、资源和质量进行统一管理和控制，以缩短工期、降低成本、提高质量。此外，借助 4D 模型，施工企业在工程项目投标中将获得竞标优势，BIM 可以让业主直观地了解投标单位对投标项目主要施工的控制方法、施工安排是否均衡，总体计划是否合理等，从而对投标单位的施工经验和实力作出有效评估。

3. 基于 BIM 的资源优化与资金计划

利用 BIM 可以方便、快捷地进行施工进度模拟、资源优化，以及预计产值和编制资金计划。通过进度计划与模型关联，以及造价数据与进度关联，可以实现不同维度（空间、时间、流水段）的造价管理与分析。

将三维模型和进度计划相结合，模拟出每个施工进度计划任务对应所需的资金和资源，形成进度计划对应的资金和资源曲线，便于选择更加合理的进度安排。

通过对 BIM 模型的流水段划分，可以按照流水段自动关联快速计算出人工、材料、机械设备和资金等的资源需用量计划。所见即所得的方式，不但有助于投标单位制定合理的施工方案，还能形象地展示给甲方。

总之，BIM 对于建设项目生命周期内的管理水平提升和生产效率提高具有不可估量的优势。利用 BIM 技术可以提高招标投标的质量和效率，有力地保障工程量清单的全面和精确，促进投标报价的科学、合理，加强招标投标管理的精细化水平，减少风险，进一步促进招标投标市场的规范化、市场化、标准化的发展。可以说，BIM 技术的全面应用，将为建筑行业的科技进步产生不可估量的影响，大大提高建筑工程的集成化程度和参建各方的工作效率。同时，也为建筑行业的发展带来巨大效益，使规划、设计、施工乃至整个项目全生命周期的质量和效益得到显著提高。

2.2.2　BIM 在招标投标阶段的应用价值

1. 提升技术标竞争力

BIM 技术的 3D 功能对技术标表现带来很大的提升，能够更好地展现技术方案。通过

BIM 技术的支持，可以让施工方案更为合理，同时也可以展现得更好，获得加分。BIM 技术的应用，提升了企业解决技术问题的能力。建筑业长期停留在 2D 的建造技术阶段，很多问题不能被及时发现，未能第一时间给予解决，造成工期损失和材料、人工浪费，3D 的 BIM 技术有极强的优势来提升对问题的发现能力和解决能力。

2. 提升中标率

更精准的报价、更好的技术方案，无疑将提升投标的中标率。这方面已有很多的实践案例，越来越多的业主方将 BIM 技术应用列为项目竞标的重要考核项目。同时，更高的投标效率将让施工企业有能力参与更多的投标项目，也会增加中标概率。施工企业将 BIM 技术的应用前移，十分必要。

3. BIM 技术帮助施工企业获得更好的结算利润

当前业主方的招标工程量清单一般并不精准。如果施工企业有能力在投标报价前对招标工程量清单进行精算，运用不平衡报价策略，将获得很好的结算利润，这也是合法的经营手段。

4. 便于改扩建工程投标

在建设领域中，除了新建工程，还有大量的改扩建工程。这些工程经常遇到的问题就是原有图纸与现有情况不符，难以准确投标，设计变更多，导致工期长、索赔多等问题。而采用 BIM 技术，在投标时依据旧有建筑模型确定工作内容，中标后在旧有建筑模型上设计，能够避免很多技术、索赔等方面的问题。

2.3　BIM 在施工阶段

2.3.1　BIM 在施工阶段的价值

施工企业建造阶段
鲁班 BIM 应用与价值详解

近几十年来，相比于其他行业生产力水平的巨大进步，建筑施工行业没有根本性的提升。一般认为有两点主要原因：一是工程项目的复杂性、非标准化，各专业协同困难，不必要的工程项目成本消耗在管理团队成员沟通协调过程中；二是各参与方实时获取项目海量数据存在巨大困难。诸如此类的一系列问题导致延误、浪费、错误现象严重，虽然已经认识到这些问题，但现在的管理技术、方法无法对其进行根本性解决。此外，建筑行业是高危行业，而在建筑施工过程中实现进度、成本、质量和安全信息的准确、高效传输与落实，保证各类控制指标得到实时监测，以及建设各参与方间的信息共享与管理一体化是预防施工事故频发的可行方法。但是在现有的施工组织方案下，只有少量的信息能够从最高管理层到达一线作业人员，说明信息在传递中存在严重衰减现象。为了实现建筑施工的按期交付、低成本、高质量、低事故率等多个目标，迫切需要建立一套完善、系统的建筑工程施工数据管理模式。

BIM 技术是利用数字化技术在计算机中建立虚拟的建筑工程信息模型，并为该模型提供全面的、动态的建筑工程信息库。BIM 技术应用的核心价值不仅在于建立模型和三维效果，更在于整合建筑项目周期内的各个参与方的信息，形成信息丰富的 BIM 模型，便于各方查询和调用，给参与工程项目的各方带来不同的应用价值。BIM 作为一种应用于工程全生命周期的信息化集成管理技术，已逐步受到建筑行业各参与方的认可。

BIM 技术在我国施工阶段的应用，从原来只是简单地做些碰撞检查，到现在的基于 4D 的项目管理，可以看到 BIM 技术在施工阶段的应用越来越广、越来越深。BIM 技术在施工阶段的应用价值体现在哪里呢？下面主要从三个层面来了解。

最低层级为工具级应用，利用算量软件建立三维算量模型，可以快速算量，极大改善工程项目高估冒算、少算漏算等现象，提升预算人员的工作效率。

其次为项目级应用，BIM 模型为 6D（3D + 建筑保修、设施管理、竣工信息）关联数据库，在项目全过程中利用 BIM 模型中的信息，通过随时随地获取数据为人材机计划制订、限额领料等提供决策支持，通过碰撞检查避免返工，钢筋、木工的施工翻样等，可实现工程项目的精细化管理，项目利润可得到提高。

最高层次为 BIM 的企业级应用，一方面，可以将企业所有的工程项目 BIM 模型集成在一个服务器中，成为工程海量数据的承载平台，实现企业总部对所有项目的跟踪、监控与实时分析，还可以通过对历史项目的基础数据分析建立企业定额库，为未来项目投标与管理提供支持；另一方面，BIM 可以与 ERP 结合，ERP 将直接从 BIM 数据系统中直接获取数据，避免了现场人员海量数据的录入，使 ERP 中的数据能够流转起来，有效提升企业管理水平。

由以上三个层面可以看出，BIM 技术在施工阶段的价值具有非常广泛的意义，企业将这三个层面的价值内容完全发挥出来的时候，也是 BIM 技术价值最大化的时候。

2.3.2　BIM 在施工阶段的应用

大中型建筑工程在施工阶段一般具有工程复杂、工期紧、数据共享困难及专业多、图纸问题多、易造成返工等特点，项目管理难度很大。借助于 BIM 技术的可视化、模拟性等特点，加强事前、事中管理，可以有效地促进质量、进度、成本、安全等管理工作。

1. BIM 技术在施工阶段工程项目质量管理中的应用

项目管理人员在工程施工前通过建立的三维模型可发现设计中的错误和缺陷，提高图纸会审效率，从源头上避免工程质量问题；可进行碰撞检查，及早解决专业间的协调问题。

（1）施工过程中进行施工模拟

1）节点构造模拟。随着 BIM 技术的不断发展，其可视化程度高及模拟性强的特点给空间造型设计和施工组织设计等提供了强有力的技术支持，从而使得 BIM 技术的应用途径越来越多。工程中相对复杂的节点，如果只用二维 CAD 图纸的方式来表达，对施工来说是一种限制，不能和工程实际对接，同时也给后期工程施工方案的规划和选取带来了许多阻碍。

通过关键节点 CAD 平面图和利用 BIM 模型的三维可视化图对比，可以发现即使是一个比较简单的节点都要用几个二维图来表现，而利用 BIM 技术，一个节点用一个三维可视化图就可以清晰地表现。

2）施工工艺模拟。利用 BIM 技术进行虚拟施工工艺动画展示，通过对项目管理人员进行培训、指导，确保项目的管理人员熟悉并掌握施工过程中可能会出现的各种施工工艺和施工方法，加深对施工技术的理解，为工程施工质量控制工作打下坚实的基础。

3）预留洞口定位。利用 BIM 技术先在建模软件中对相关的管线进行排布，将排布后的管线模型上传到 BIM 多专业协同系统中，自动准确定位混凝土墙上的预留洞口，输出预留洞口报告进而指导施工。

利用 BIM 技术可视化程度高和虚拟性强的特点，把工程施工难点提前反映出来，减少施工过程中的返工现象，可提高施工效率和施工质量；模拟演示施工工艺，进行基于 BIM 模型的技术交底，可提升各个参与方之间协同沟通的效率；模拟工作流程，优化了施工阶段的工程质量管理。

（2）现场质量管理

工程质量的数据信息是工程质量的具体表现，同时也是工程质量控制的依据。由于工程项目建设周期长、设计变更种类繁多，在现场质量管理过程中会产生大量的质量数据信息，按照传统的工作方式，项目管理人员想要随时掌握现场质量控制的动态数据并进行汇总分析是非常困难的。

目前，施工现场工程质量信息的采集主要是先通过现场管理人员手工进行记录，然后再保存到现场的计算机中或者保存为纸质版文件。这种质量数据信息采集与录入的方式会使得质量信息的获取过程变得漫长，造成质量信息汇总分析滞后。由于工程质量信息要进行二次录入，这样极容易降低工程质量信息的可靠性，使得真正可以利用的质量信息数量减少。

在 BIM 技术的支持下，项目管理人员通过手机、iPad 等智能移动终端对工程质量数据信息进行采集，并通过网络将信息实时上传到云平台中，并将信息与之前上传到云平台中的 BIM 模型进行关联，给项目管理人员设置相应的权限，这样既可以保证工程质量信息传递的即时性，又可以避免人为对数据的篡改，确保工程质量信息的真实性。

随着智能移动终端（如手机、iPad）的拍照功能日益强大，项目现场管理人员可利用智能移动终端上的软件随时将施工现场的各种质量问题拍下来，标注位置、问题性质等各种属性，通过无线 Wi-Fi 或者 4G 网络实时上传到云平台中，与 BIM 模型进行关联。一旦现场有照片传到 BIM 模型中，可及时通知施工现场的管理人员，随时进行查看，大大缩短了问题反馈时间。通过不断地积累和总结，可逐渐形成一个由现场照片组成的直观的数据库，便于现场管理人员对图片信息进行再利用，加强了其对现场质量控制的能力。

信息的价值不仅仅在于信息本身，而在于可通过对收集到的零散的信息进行分析和总结，为后期决策提供确切的依据。项目管理人员通过信息处理工具对工程质量从时间维度、空间维度和分部分项维度等进行对比分析，以期提早发现工程质量问题，分析问题产生的原因，制定工程质量问题的解决方案；通过对以往工程质量信息的汇总分析，形成工程质量控制的宝贵经验。利用 BIM 技术将采集到的工程质量验收记录、工程开工报告、报审文件、工程材料（设备、构配件）审查文件、设计变更文件、变更信息、巡视检查记录、旁站监督记录、工程质量事故处理文件、指令文件、监理工作报告等信息进行归纳和分析，分析工程质量问题产生的原因，并提出防治措施，便于日后学习和借鉴。利用 BIM 技术，可直接提交电子版的质量检验报告和技术文件，审核时直接调用即可，避免了大量纸质文件翻阅和查找的工作，节省了工作时间，提高了工作效率。

（3）工程质量信息的获取和共享

可以通过建立企业质量管理数据库实现信息的共享，通过云端数据库加强质量信息的交流。针对国家、地区、企业和项目不同的要求，建立与之对应的数据库。针对我国不同地区工程项目质量相关的法律法规，建立与之对应的工程质量法律法规数据库，将相关地区的工程质量法律法规纳入其中，实现电子化存档，使得企业相关人员和项目管理人员对该地区工程质量标准和规范进行精确、快速地查找。此外，工程质量管理经验、工程质量问题以及工程质量问题防治措施的收集是工程质量信息收集的重点工作，项目管理人员通过对以上收集的信息进行归纳总结，建立属于企业自身的工程质量问题数据库、工程质量控制点数据库以及工程质量问题防治措施数据库，用于指导和协助施工过程中工程质量控制工作和事前质量控制工作。

2. BIM 技术在施工阶段工程项目进度管理中的应用

4D 模型是指在 3D 模型基础上，附加时间因素，这种建模技术应用于建筑施工领域，以施工对象的 3D 模型为基础，以施工的建造计划为其时间因素，可将工程的进展形象地展现出来，形成动态的建造过程模拟模型，用以辅助施工计划管理。例如，在 Microsoft Project 软件中完成计划之后，在 Luban BIM Works 软件中将其与 BIM 模型结合起来，形成 4D 进度计划。在 Luban BIM Works 中，可以把不同的形态设置成不同的显示状态，这样可以直观地检查出时间设置是否合理。

（1）项目进度动态跟踪

项目在进行一段时间后发现目标进度与实际进度间偏差越来越大，这时最早指定的目标计划起不到实际作用，项目管理人员需要重新计算和调整目标计划。利用 BIM 技术反复模拟施工过程来进行工程项目进度管理，让那些在施工阶段已经发生的或将来可能出现的问题在模拟的环境中提前发生，逐一进行修改，并提前制定相应解决办法，使进度计划安排和施工方案达到最优，再用来指导该项目的实际施工，从而保证工程项目按时完成。

（2）进度对比

关于计划进度与实际进度的对比一般综合利用横道图对比、进度曲线对比、模型对比

完成。系统可同时显示多种视图，实现计划进度与实际进度间的对比。另外，通过项目计划进度模型、实际进度模型、现场状况间的对比，可以清晰地看到建筑物的成长过程，发现建造过程中的进度情况和其他问题，进度落后的构件还会变红发出警报，提醒管理人员注意。

（3）纠偏与进度调整

在系统中输入实际进展信息后，通过实际进展与项目计划间的对比分析，可发现较多偏差，并可指出项目中存在的潜在问题。为避免偏差带来的问题，项目过程中需要不断地调整目标，并采取合适的措施解决出现的问题。项目时常发生完成时间、总成本或资源分配偏离原有计划轨道的现象，需要采取相应措施，使项目发展与计划趋于一致。对进度偏差的调整以及目标计划的更新，均需考虑资源、费用等因素，采取合适的组织、管理、技术、经济等措施，这样才能达到多方平衡，实现进度管理的最终目标。

进度管理中应用 BIM 技术的优势如下。

1）提升全过程协同效率。

2）碰撞检测，减少变更和返工进度损失。

3）加快支付审核。

4）加快生产计划、采购计划的编制。

5）提升项目决策效率。

3. BIM 技术在施工阶段工程项目成本管理中的应用

（1）建立成本 BIM 模型

利用建模软件建立成本 BIM 模型，基于国家规范和平法标准图集，采用 CAD 转化建模、绘图建模，辅以表格输入等多种方式，整体考虑构件之间的扣减关系，解决在施工过程中钢筋工程量控制和结算阶段钢筋工程量的计算问题。造价人员可以修改内置计算规则，借助其强大的钢筋三维显示，使得计算过程有据可依，便于查看和控制。报表种类齐全，可满足多方面需求。

（2）成本动态跟踪

项目应用以 BIM 技术为依托的工程投资数据平台，将包含投资信息（工程量数据、造价数据）的 BIM 模型上传到系统服务器，系统就会自动对文件进行解析，同时将海量的投资数据进行分类和整理，形成一个多维度、多层次的，包含可视化三维图形的多维结构化工程基础数据库。相关人员可远程调用、协同，对项目快速、准确按区域（根据区域划分投资主体）、按时间段（月、季度、特定时间等）进行分析统计工程量或者造价，使得项目的成本在可控范围内。

（3）工程量计划

1）应用说明

项目开工前，根据施工图纸快速建立预算 BIM 模型，建模标准按照委托方确定的要求

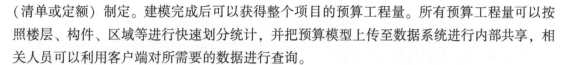

（清单或定额）制定。建模完成后可以获得整个项目的预算工程量。所有预算工程量可以按照楼层、构件、区域等进行快速划分统计，并把预算模型上传至数据系统进行内部共享，相关人员可以利用客户端对所需要的数据进行查询。

2）应用价值

利用工程量数据，结合造价软件，成本部门可以测算出整个项目的施工图预算，作为整个项目总造价控制的关键。

工程部可以根据项目各层工作量结合项目总节点要求制订详细的施工进度计划。例如，制订基础层的施工计划，相关人员就可以在客户端中查询土方工程量，承台混凝土、钢筋和模板工程量，基础梁混凝土、钢筋和模板工程量等，并能够以这些数据为依据结合施工经验制订出比较详细和准确的施工进度计划。

施工图预算BIM模型获得的工程量可以与今后施工过程中的施工BIM模型进行核对，对各层、各构件工程总量进行核对，对于工程量发生较大变化的情况可及时检查发现问题。

3）相关部门岗位

工程部和项目部包含：项目经理、技术主管、核算员等岗位人员。

4）注意事项

① 要确保建模的准确性。

② 对图纸中未注明、矛盾或错误的地方及时提出并进行沟通。

③ 建模完成后需配套相关建模说明，以便项目双方沟通与核对。

④ 混凝土工程量中未扣除钢筋所占体积。

⑤ 项目只涉及工程量数据，造价中相关人、材、机价格以及取费等由项目人员完成。

（4）人工和材料计划

1）应用说明

算量BIM模型建立完成后，导入造价软件，根据定额分析出所需要的各专业人工和主要材料数量。将所有数据导入到BIM系统中，作为材料部采购上限进行控制。根据定额分析出来的人工和材料是定额消耗量，与实际消耗量存在差距，通常情况下偏大。因此可以分两步来解决这个问题：一是定额分析出来的人工和材料根据施工经验乘以特定系数后作为材料上限进行控制；二是根据现场实际施工测算情况对定额中的消耗量进行修改，形成企业定额，从中分析出来的人工和材料作为准确数量进行上限控制。

2）应用价值

材料部门根据分析得到的材料数量进行总体计划，并且设置材料采购上限。如果项目上累计采购已经超出限制则进行预警。材料管控需同项目管理软件相结合，根据公司和管理要求对材料进行分层、分节点统计。工程部门可以根据分析得到的具体人工用量，提前预计施工高峰和低谷期，合理安排好施工班组。

3）相关部门岗位

工程部和项目部包括：项目经理、技术主管、核算员等岗位人员。

材料部包括：材料员等岗位人员。

4）注意事项

机械使用量情况不进行分析，主要考虑大型机械不按台班计费，另外，小型机械由分包班组自行准备。其对项目管控的价值不大，因此不做考虑。

预算 BIM 模型分析出来的材料数量可以作为材料采购总体计划，每一阶段详细计划可以根据施工 BIM 模型来制定，一方面施工 BIM 模型更贴近于实际施工，另外施工 BIM 模型根据设计变更或图纸改版随时进行调整，比预算 BIM 模型的数据更可靠。

（5）模板摊销制定

1）应用说明

根据已经建立的算量 BIM 模型，可以按接触面积测算出模板面积。使用客户端选择相应楼层，输入相应构件名称就可以快速查询到所需要的模板量。

2）应用价值

工程部根据这些数据，按照模板摊销要求，可以测算出清水模板、库存模板、钢模板等的数量，并对项目部制定相应的考核方案。

（6）施工交底

1）应用说明

施工交底应用主要基于施工 BIM 模型进行，施工 BIM 模型是在预算 BIM 模型的基础上，根据施工方案以及现场实际情况进行编制的。因此，施工 BIM 模型用于日常交底工作将更准确。

2）应用价值

工程部在日常与施工班组交底过程中选择需要交底的部位，进行三维显示，并且可以直接对交底部位进行打印，相关人员签字确认，并交给具体施工人员，以保证交底工作不是流于形式。

（7）材料用量计划

1）应用说明

施工 BIM 模型导入造价软件中后，可以分析出所需要的材料需求量。例如浇筑混凝土，根据施工预算 BIM 模型统计混凝土需求量应该为 120m³，根据现场支模情况并且考虑扣除钢筋体积，估计 110m³ 可以满足需求，确定后就可以要求混凝土搅拌厂进行准备。同时这个量还可以作为最后的核对依据，如果实际浇筑超过了 120 m³，这时就要查找原因，是因为量不足还是因为其他情况。

2）应用价值

工程现场管理人员原来是需要提前手工计算并进行统计，现在可以直接在系统中进行查询。一方面避免了手工计算不准确或者人为的低级错误，另一方面避免了因时间紧导致手工

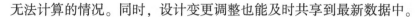

无法计算的情况。同时，设计变更调整也能及时共享到最新数据中。

（8）进度款审核申报

1）应用说明

对于分包单位进度款的申报与审核，核算员可以通过算量软件调取各家分包单位的工作量，项目经理和工程部相关人员可以进入信息系统中进行审核确认。

2）应用价值

提高核算人员填报分包工作量的准确性和及时性，避免因工作量误差引起矛盾，增加沟通成本。项目经理和工程部人员在签字时可以快速调取系统中的数据进行核对，做到管理决策有据可依、有据可查。

（9）施工过程中多算对比（工程量）

1）应用说明

目前的条件可以满足项目的二算对比，即项目前期预算量和施工过程中实际量的对比。

2）应用价值

施工过程中多算对比主要便于项目经理和总部进行管控，通过数据对比和分析，及时了解项目进展情况。对于数据变化大的项目应及时查找并解决其问题。

（10）设计变更调整

1）应用说明

资料员拿到设计变更后进行扫描并提交给核算员，并由核算员根据变更情况直接在 BIM 模型中进行修改，并把相关设计变更单扫描文件链接到模型变更部位。完成后上传到信息系统中进行共享。

2）应用价值

保证相关部门查询到的数据是最新最准确的，包括材料采购申请以及月工作量审核等。调整后数据可以在客户端中与项目前期预算进行对比，可以快速了解设计变更后工程量的变化情况。

施工完成后的 BIM 模型可以作为分包结算的依据，并包含所有涉及的变更单。这样有效地加快了结算速度和准确性，避免了扯皮事件的发生。

（11）电子资料数据库建立

1）应用说明

为了便于后期的运营维护，施工阶段需要把主要材料的供应商信息、设计变更单等相关资料加入到模型中。通过 BIM 算量软件可以添加供应商信息，其他图片或者文件可以通过链接模式关联到具体构件中。例如大理石地面，可以注明供应商、尺寸、规格、型号、联系方式等，与之相关的设计变更单可以扫描后作为链接进行关联。

2）应用价值

运营维护阶段，相关资料可以得到有效利用，例如地面大理石损坏，这时就可以查询到大理石的相关厂家信息，便于查询，可避免浪费时间去翻阅竣工图纸、变更单等。项目结算

时，相关变更和签证可直接在模型中进行查询，避免结算时漏项。

4. BIM 技术在施工阶段工程项目安全管理中的应用

（1）安全教育

借助 BIM 技术可视化程度高的特点，利用 BIM 技术虚拟现场的工作环境，可进行基于 BIM 技术的安全培训。一些新来的工人对施工现场不熟悉，在熟悉现场工作环境之前受到伤害的可能性较高。有了 BIM 技术的帮助，可使他们能够快速地熟悉现场的工作环境。基于 BIM 技术的安全培训不同于传统的安全培训，它避免了枯燥乏味的形式主义，将安全培训落到实处。在 BIM 技术辅助下的安全培训可以让工人更直观和准确地了解到现场的状况，以及他们将从事哪些工作，哪些地方需要特别注意，哪些地方容易出现危险等，从而便于为现场工人制定相应的安全工作策略和安全施工细则。这不仅强化了培训效果，提高了培训效率，还减少了时间和资金的浪费。

（2）安全模拟

施工阶段是工程项目涉及专业最多、交叉作业最多且最复杂的阶段，主要包括给水排水、电气、暖通、房屋建筑、道路等。可利用模型动画对施工现场情况进行演示并对工人进行安全技术交底，最大程度降低施工风险，确保安全施工。BIM 技术条件下的施工安全模拟可以将进度计划作为第四个维度挂接到三维模型上，合理地安排施工计划，使得各作业工序、作业面、人员、机具设备和场地平面布置等要素合理有序地聚集在一起。项目施工过程中，要保证作业面安全及公共安全，以动画的形式展示项目构件的安装顺序（包括永久结构、临时结构、主要机械设备和卸料场地），清晰明确地展示项目将以何种方式施工，这是降低施工安全风险的关键因素。可利用 BIM 模型协调计划，消除冲突和歧义，改进培训效果，从而增强项目安全系数。模型可以帮助识别并消除空间上存在的碰撞及潜在的安全风险，这种风险在以往常常是被忽略的。此外，模型必须时常更新以确保其有效性。另外，利用 BIM 技术进行安全规划和管理，BIM 模型和 4D 模拟还可以被用来做以下安全模拟：塔吊模拟；临边、洞口防护；应急预案。其中，4D 模拟、3D 漫游和 3D 渲染可被用来标识各种危险以及同工人沟通安全管理计划。

（3）现场安全监测与处理

在施工现场的安全监测方面，移动客户端可以发挥重要的作用。通过移动客户端，可在施工现场使用手机或平板电脑拍摄现场安全问题，把现场发现的安全问题进行统一管理，将有疑问的照片上传到信息系统，与 BIM 模型相关位置进行关联，方便核对和管理，便于在安全、质量会议上解决问题，从而大大提高工作效率。采用客户端进行现场安全监测与处理的优势如下。

1）安全问题的可视化。现场安全问题通过拍照来记录，一目了然，可根据记录逐一消除。

2）问题直接关联到 BIM 模型上。采用 BIM 模型关联模式，方便管理者对现场安全问题准确掌控。

3）方便的信息共享。管理者在办公室就可随时掌握现场的安全风险因素。

4）有效的协同共享，提高各方的沟通效率。各方可根据权限，查看属于自己的安全问题。

5）支持多种手持设备的使用。

6）简单易用，便于快速实施；实施周期短，便于维护；手持设备端更是好学、易用。

2.3.3　BIM 在施工阶段的应用现状和发展趋势

BIM 技术在工程项目中质量控制成效显著，优化了设计模型，加强了施工过程中工程质量信息的采集和管理，使得施工过程的每一阶段都留有痕迹，丰富了工程质量信息采集的途径，提高了工程施工质量控制水平和效率。在进度管理方面，可实时跟踪项目进度的进展情况，一旦发现偏差，立即予以解决，提高了项目进度管理的效率，并可对利用 BIM 技术进行工程项目进度管理的优势进行总结，形成企业的宝贵经验。通过对项目成本 BIM 模型建立、工程量分析、成本动态跟踪和材料采购控制四个方面的应用，解决了施工过程中的成本问题，提出了相应的对策建议，加强了项目管理人员对成本实时跟踪和管控的能力，提高了成本管理效率，促进了工程项目信息化、过程化、精细化的成本管理。根据 BIM 技术的特点，结合项目将 BIM 技术应用到安全管理中，可减少施工过程中可能会出现的安全问题，提高施工安全性。

BIM 技术将结合 3D 扫描技术、云端建筑能耗分析技术、预制技术、大数据管理以及计算机辅助加工技术高速发展。随着技术发展和科技的进步，3D 扫描仪的价格慢慢下降，使得建筑企业将考虑购买 3D 扫描仪，用于收集施工现场的数据资料并汇总到云端的 BIM 模型中。另外，随着越来越多的数据被上传到云端数据库中，项目管理人员将可以访问一个富含各种数据的 BIM 模型，因此，如何有效组织、合理管理、充分分享这些模型将变得至关重要。此外，由于上传到云端，数据信息的安全保密工作也很重要。

2.4　BIM 在运营管理阶段

很多商场的自动扶梯旁都有"小心碰头"的标志，这多半是设计不当所致。为什么没有在设计时就发现这个问题呢？在当运营方接手建筑之后，就很难去改变了（涉及楼板结构和电梯设备），只能挂牌子警示。而如果在设计阶段就通过 BIM 可视化工具进行运营的模拟，则可以提前发现并解决这类问题。

2.4.1　BIM 在运营阶段应用现状

我国工程建设行业从 2003 年开始引进 BIM 技术后，大型的设计院、地产开发商、政府及行业协会等都积极响应并协同在不同项目中不同程度上使用了 BIM 技术，如上海中心大

厦、银川火车站、中央音乐学院音乐厅等典型项目。

虽然近几年 BIM 在我国有了显著发展，但从 BIM 在项目中的应用阶段来看，还普遍处在设计和施工阶段，应用到商业运营阶段的案例很少。BIM 在商业运营阶段的应用还未被广泛挖掘，这和运营相关的 BIM 软件开发有很大的关系。BIM 的发展离不开软件的支持，现今，我国主要的 BIM 软件还是以引用国外研发的软件为基础，自主研发的 BIM 软件主要还集中在设计和造价方面，运营方面的软件研发还处于原点。

目前，我国引用一些国外的运营软件进行了初级的商业运营管理工作，实践中发现运营阶段的 BIM 软件与其他阶段的软件交互性较差，造成 BIM 技术在运营阶段未得到充分应用，同时使得运营阶段在商业建设项目的全生命周期内处于孤立状态。为深化 BIM 技术在我国商业运营中的应用，2012 年 5 月 24 日，同济大学建筑设计研究院主办了"2012 工程建设及运营管理行业 BIM 的应用论坛"，为以 BIM 为核心的商业运营管理在国内的快速发展奠定了基础。

运营阶段作为商业项目投资回收和盈利的主要阶段，节约成本、降低风险、提升效率，达到稳定有效的运营管理成为业主们追求的首要目标。显然，传统的运营模式已经不能适应当今信息引领时代的浪潮，也不能对大型设施项目中大量流动的人群进行有力的安全保证，传统的运营管理技术在未来将不能满足业主们的期望。总体来说，传统运营管理的弊端主要体现在成本高、缺乏主动性和应变性，及总控性差三个方面。

1）劳动力成本和能源消耗的成本大。传统的运营管理是在对人的管理的基础上，建立运营管理团队，运营团队是商业项目的核心竞争力，它要求业务人员具有全方位的素质和能力，从而做到信息最快捷地传送和问题最有效地解决，但在这个快速扩张的市场中，人才的培养和流失就是很大的问题，特别是项目团队中的核心成员。并且随着劳动力成本的不断增加，给业主带来了相当大的资金压力，传统的运营管理造成了劳动力成本大幅度的增加。传统运营管理中的能源耗费量大也造成了运营成本的增加。应用传统的运营管理技术很难得到比较准确的建筑能耗统计数据和确切的设备能耗量，致使运营团队在制定节能减排目标和相关工作计划时，缺乏有效的建筑能耗数据依据，从而使运营成本增加。

2）运营管理缺乏主动性和应变性。传统的运营管理处在被动状态上，对于将要出现的隐患缺少预见性，对突发事件缺少快速的应变性。一个商业地产项目涉及供暖系统、通风系统、排水系统、消防系统、通信系统、监控系统等大量的系统需要管理和维护，如，水管破裂找不到最近的阀门，电梯没有定期更换部件造成坠落，发生火灾后因疏散不及时造成人员伤亡等，这样业主总处于被动。问题出现了才解决的传统运营管理模式，造成的不仅仅是经济上的损失，更是消费者对业主在品质上的不信任、信誉上的不保障，这些损失往往是很难挽回的。

3）总部对项目运营管理的控制性差。随着商业开发项目在国内的蓬勃发展，来自全国各地的各个项目信息繁杂，增加了总部的管理压力。传统的运营管理，管理人员定期整理项目信息，并以报表、图形、文本等形式把运营信息传达给总部，再等待总部各方面的决策。

信息以这种方式传递，使总部不能及时地了解项目最新的运营信息，不能给予总部最快捷的决策支持，不能发挥总部管控的最大效力，更使得总部不能对各个项目的运营进行实时控制。

2.4.2　BIM 在运营阶段应用的意义

在建筑设施的生命周期中，运营维护阶段所占的时间最长，花费也最高，虽然运维阶段非常重要，但是所能应用的数据与资源却相对较少。传统的工作流程中，设计、施工建造阶段的数据资料往往无法完整地保留到运维阶段，例如建设途中多次的设计变更，但变更信息通常不会在完工后妥善整理，造成运维上的困难。BIM 技术的出现，让建筑运维阶段有了新的技术支持，大大提高了管理效率。

BIM 是针对建筑全生命周期各阶段数据传递的解决方案。将建筑项目中所有关于设施设备的信息，利用统一的数据格式存储起来，包括建筑项目的空间信息、材料、数量等。利用此数据标准，在建筑项目的设计阶段，即使用 BIM 进行设计，建设中如有设计变更也可以及时反映在此档案中，维护阶段则能得到最完整、最详细的建筑项目信息。

在传统建筑设施维护管理系统中，多半还是以文字的形式列表展现各类信息，但是文字报表有其局限性，尤其是无法展现设备之间的空间关系。当 BIM 导入到运维系统中，可以利用 BIM 模型对项目整体做了解，此外模型中各个设施的空间关系，建筑物内设备的尺寸、型号、直径等具体数据，也都可以从模型中完美展现出来，这些都可以作为运维的依据，并且可合理、有效地应用在建筑设施维护与管理上。

BIM 是指一个有物理特性和功能设施信息的建筑模型。因此 BIM 的条件必须是提供一个共享的知识信息资源库，在建筑设施的设计上有着正确的资料，让建筑生命周期的管理得以提早开始进行。BIM 在建筑设施维护管理方式上也跟以往有很大的不同。传统运维管理往往仅有设备资料库展开的清单或列表，记录每个设备的维护记录，而应用了 BIM 之后，借助 BIM 中的空间信息与 3D 可视化的功能，可以达成以往无法做到的事情。

1）提供空间信息：基于 BIM 的可视化功能，可以快速找到该设备或是管线的位置以及与附近管线、设备的空间关系。

2）信息更新迅速：由于 BIM 是构件化的 3D 模型，新增或移除设备均非常快速，也不会产生数据不一致的情形。

2.4.3　BIM 在现代运营管理中的价值

1. 提供空间管理

空间管理主要应用在照明、消防、安防等系统和设备的空间定位。第一，BIM 获取各系统和设备的空间位置信息，把原来编号或者文字表示变成三维图形位置，直观形象且方便查找。如获取大楼的安保人员位置；消防报警时，在 BIM 模型上快速定位所在位置，并查看

周边的疏散通道和重要设备等。其次，应用于内部空间设施可视化。利用 BIM 建立一个可视三维模型，所有数据和信息都可以从模型中获取调用。如装修的时候，可快速获取不能拆除的管线、承重墙等建筑构件的相关属性。

在应用软件方面，由 Autodesk 创建的基于 DWF 技术平台的空间管理，能在不丢失重要数据以及接收方无需了解原设计软件的情况下，发布和传送设计信息。在此系统中，Autodesk FMDesktop 可以读取由 Revit 发布的 DWF 文件，并可自动识别空间和房间数据，而 FMDesktop 用户无需了解 Revit 软件产品，使企业不再依赖于劳动密集型、手工创建多线段的流程。设施管理员使用 DWF 技术将协调一致的可靠空间和房间数据从 Revit 建筑信息模型迁移到 Autodesk FMDesktop。然后，生成专用的带有彩色图的房间报告，以及带有房间编号、面积、入住者名称等的平面图。

2. 提供设施管理

在设施管理方面，主要包括设施的维修、空间规划和维护操作。美国国家标准与技术协会（NIST）于 2004 年进行了一次调查，业主和运营商在持续设施运营和维护方面耗费的成本几乎占总成本的三分之二。传统的运维模式耗时长，如需要通过查找大量建筑文档，才能找到关于热水器的维护手册。而 BIM 技术的特点是，能够提供关于建筑项目的协调一致的、可计算的信息，且该信息可共享和重复使用，业主和运营商因此可降低成本的损失。此外，还可对重要设备进行远程控制。把原来商业地产中独立运行的各设备汇总到统一的平台上进行管理和控制。通过远程控制，可充分了解设备的运行状况，为业主更好地进行运维管理提供良好条件。设施管理在地铁运营维护中会起到重要的作用，在一些现代化程度较高、需要大量高新技术的建筑中，如大型医院、机场、厂房等，也会被广泛应用。

3. 提供隐蔽工程管理

在建筑设计、施工阶段会有一些隐蔽工程信息，随着建筑物使用年限的增加，人员更换频繁，隐蔽工程的安全隐患日益突显，有时会直接导致悲剧发生。如 2010 年南京市某废旧塑料厂在进行拆迁时，因对隐蔽管线信息了解不全，工人不小心挖断了地下埋藏的管道，引发了剧烈的爆炸。基于 BIM 技术的运维可以管理复杂的地下管网，如污水管、排水管、网线、电线以及相关管井，并且可以在图上直接获得相对位置关系。当改建或二次装修时可以避开现有管网位置，便于管网维修、更换设备和定位。内部相关人员可以共享这些信息，有变化可随时调整，保证信息的完整性和准确性。

4. 提供应急管理

基于 BIM 技术的管理较传统运维方式盲区更少。公共建筑、大型建筑和高层建筑等作为人流聚集区域，对突发事件的响应能力非常重要。传统的突发事件处理仅仅关注响应和救援，而通过 BIM 技术的运维管理对突发事件的管理包括：预防、警报和处理。以消防事件为例，管理系统可以通过喷淋感应器感应信息；如果发生着火事故，在商业广场的 BIM 信息模型界面中，就会自动触发火警警报；着火区域的三维位置和房间立即进行定位显示；控制中心可以及时查询相应的周围环境和设备情况，为及时疏散人群和处理灾情提供重要信息。类似的还有水管、气管爆裂等突发事件：通过 BIM 系统可以迅速定位，查到阀门的位置，避免了在众多图纸中寻找信息，提高了处理速度和准确性。

5. 提供节能减排管理

通过 BIM 结合物联网技术，使得日常能源管理监控变得更加方便。通过安装具有传感功能的电表、水表、煤气表后，可以实现建筑能耗数据的实时采集、传输、初步分析、定时定点上传等基本功能，并具有较强的扩展性。系统还可以实现室内温湿度的远程监测，分析房间内的实时温湿度变化，配合节能运行管理。在管理系统中可以及时收集所有能源信息，并且通过开发的能源管理功能模块，对能源消耗情况进行自动统计分析，例如各区域、各户主的每日用电量、每周用电量等，并对异常能源使用情况进行警告或者标识。

【案例】

中国电信等运营商正在有计划地推出节能减排解决方案。他们在耗电量大的空调设备上加装控制模块，通过网络将空调设备的运转信息收集至节能管理统一平台进行统计分析，制定出空调设施优化控制策略，同时使用者可通过平台进行空调设备操控管理，同时，监测空调设备每天 24 小时的运转状况，一旦发现异常，可立即发出报警通知，以利于管理者维修处理。在客户空调系统的负载端设备（如分离式冷气、空调箱等）及外气引进装置加装控制设备，同时在空调环境内加装环境感知组件来侦测环境状况（温度、湿度、CO_2 浓度等），通过对环境状况的资料搜集与分析，由节能管理统一平台自动将空调系统的负载端设备进行自动调控，将空调环境的温度、湿度及 CO_2 浓度控制在一定范围内，避免因不当的人为控制导致环境过冷或过热，让使用者能充分享受一个自动调控且舒适的空调环境。

2.4.4　BIM 在运维阶段的实现方式

方式一：分步走。第一步先建立 BIM 模型或数据库，第二步做 BIM 运维。可能第一步与第二步并不衔接，先得到一个具有相关数据接口和达到相关深度的 BIM 模型，积累基础数据，等到成熟的时候再实施第二步。

方式二：一步到位。这一类项目必须要有明确的运维目标和可实现途径。这一思路的局限性在于其适用范围，并不是所有项目都需要做 BIM 运维。

鉴于 BIM 技术的重要性，我国从"十五"科技攻关计划中已经开始了对 BIM 技术相关研究的支持。经过多年的发展，在设计和施工阶段已经被广泛应用，而在设施维护中的应用案例并不多，尚未被广泛应用。但相关专家一致认为，在运维阶段，BIM 技术需求非常大，

尤其是其对于商业地产的运维将创造巨大的价值。

随着物联网技术的高速发展，BIM技术在运维管理阶段的应用也迎来了一个新的发展阶段。物联网被称为继计算机、互联网之后世界信息产业的第三次浪潮。业内专家认为，物联网一方面可以提高经济效益，节约成本；另一方面可以为全球经济的复苏提供技术动力。目前，美国、欧盟、日本、韩国等都在投入巨资深入研究探索物联网。我国也高度关注、重视物联网的研究，工业和信息化部会同有关部门，在新一代信息技术方面开展研究，已形成支持新一代信息技术发展的政策措施及相关标准。将物联网技术和BIM技术相融合，并引入到建筑全生命周期的运维管理中，将带来巨大的经济效益。

建筑工程BIM概论
jian zhu gong cheng BIM gai lun

第 3 章　BIM 实施

03

BIM 三维表现技术
在工程中的应用

3.1　BIM 实施的基本认识

3.1.1　思路的转变

BIM 理念基于先进的三维数字设计解决方案，构建"可视化"的数字建筑模型，为建筑设计师和工程师等各环节人员提供"模拟和分析"的科学协作平台。

对于建筑设计师而言，这不仅仅要求将设计工具实现从二维到三维的转变，更需要在设计阶段就突破单纯建筑设计的束缚，融合协同设计、绿色设计和可持续设计理念，使得整个工程项目在设计、施工和使用等各个阶段都能够有效地实现节省能源、节约成本、降低污染、提高效率的目标。

3.1.2　二维到三维

从二维到三维难在哪里？设计师能掌握 BIM 是一种很理想的状况，但对于一个习惯了二维设计的设计师，掌握 BIM 并不容易。

二维到三维的跨越对设计师来说是思维、习惯上的挑战。目前中坚力量的设计师们在学校学习的时候，没有用三维的视角看待过 3D 模型，他们学的都是画法几何，使用 AutoCAD 工作，在三维环境工作时还要转换思路。这些都影响到了 2D 到 3D 的转换。

设计人员在用 AutoCAD 软件工作了很长时间以后，习惯已经形成，对空间的认识也已经成型。从 2D 到 3D 的一些软件属性方面的变化，会给设计师带来很多额外产生的工作量，当大家还没有看到 3D 带来的好处的时候，就会产生主观上的逃避，而不愿意接受。

更重要的是，设计师的最终目标是为了满足业主的交付需求。在项目时间紧的情况下，如果业主没有要求提供三维模型，相对而言时间因素更重要，所以交付图纸是第一目标，就没有了交三维图纸的需要。

另外，从整个行业来看，一般情况下开发商还没有提出对三维图纸的要求，更在一定程度上制约了三维设计的开展。

3.1.3　CAD 和 BIM 相异之处

CAD 被称为建筑业的第一次革命，而 BIM 被称为建筑业的第二次革命。CAD 使设计师从手绘建筑施工图转变成计算机绘图（二维的），绘图效率大大提高。但是 BIM 技术不是简简单单地将二维图形变成三维模型，它们之间存在着许多不同之处。这就是目前很多企业在 BIM 实施过程中遇到的问题，企业购买了 BIM 相关软件，也派员工学习了软件，但是还是不懂得如何用其为企业创造价值。总的来说，CAD 和 BIM 存在以下相异之处：

1）对于 CAD 来说，基本上一个软件就可以解决问题，完成"甩图板"的工作。在 CAD 软件中包括了手绘时的直尺、橡皮擦等，绘制出来的图纸就是施工需要的，也是标准、规范、法规等所认可的。而对于 BIM 来说不是单一软件可以完成，而是需要一组软件才可以解决问题，需要多个软件协同工作。同时，用 BIM 系列软件做出来的是一个三维的模型，并不是标准、规范、法规承认或者施工所需要的，虽然它包括了很多信息。

2）CAD 只改变了生产的工具，没有改变生产的内容。但是 BIM 既改变了生产的工具，又改变了生产的内容，所以 BIM 不只是简单地换一个工具的事。

3）CAD 更多地表现为个体运用，一个人使用就可以提高工作效率，使用者就是利益的获得者。BIM 则更多地表现为团体运用，越多的项目成员使用其体现出的价值越高，所以 BIM 应用不单是针对个人使用者。

4）CAD 形成的成果是静态的、平面的，纸张可以作为承载和传递的媒介。BIM 的成果是动态的、多维的，必须借助计算机和软件来承载和传递。

3.2　BIM 的软件产品

BIM 的发展运行离不开一系列软件的支持。信息技术的爆炸性增长促进了人们对新软件的空前需求，BIM 的应用需求也催生了一大批与之相关的软件产品。BIM 软件应具备以下功能：模型输入、输出，模型浏览或漫游，模型信息处理，相应的专业应用能力，应用成果处理和输出。

BIM 作为支撑工程建设行业的新技术，涉及不同应用方、不同专业、不同项目阶段，这不是某一个软件或某一类软件就可以解决的。美国 building SMART 联盟主席 Dana K. Smith 先生在其出版的 BIM 专著中做了如下论断："依靠一个软件解决所有问题的时代已经一去不复返了。"

面对品种繁多的软件产品，很难用有限的篇幅去概括完全。为便于说明，本节整理出目前常用的与 BIM 相关的 13 类软件，如图 3 - 1 所示。

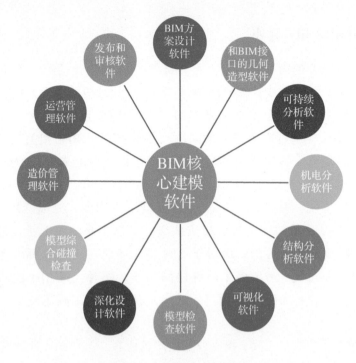

图 3 - 1 BIM 软件的类别

其中，处于中心位置的"BIM 核心建模软件"，英文叫作"BIM Authoring Software"，它负责创建 BIM 结构化信息，提供 BIM 应用的基础。

其他 12 类软件均属于"BIM 应用软件"，负责为 BIM 提供信息源或处理 BIM 信息，实现 BIM 应用价值。

下面对每个类别的功能和相关的软件产品做一个简单介绍。（此处所列的软件产品并不能囊括市场上所有的软件产品，在此仅作为举例进行说明）

3.2.1 BIM 核心建模软件

目前，市场上常用的 BIM 建模软件大体上分为国内建模软件和国外建模软件。

1. 国内建模软件

国内建模软件有鲁班 BIM 建模软件、斯维尔 BIM 建模软件和广联达 BIM 建模软件。因篇幅所限，本节主要讲解鲁班 BIM 建模软件。鲁班 BIM 建模软件主要包括鲁班土建、鲁班钢筋和鲁班安装。

2. 国外建模软件

国外常用的 BIM 建模软件主要有以下四个（图 3 - 2）。

1）Autodesk 公司的 Revit 建筑、结构和机电系列，在民用建筑市场借助 Auto CAD 的优势，有相当不错的市场表现。

2）Bentley 建筑、结构和设备系列，在工厂设计（石油、化工、电力、医药等）和基础设施（道路、桥梁、市政、水利等）领域有无可争辩的优势。

3）2007 年 Nemetschek 收购 Graphisoft 以后，ArchiCAD、AIIPLAN、VectorWorks 三个产品就被归到同一个集团里面了，其中国内最熟悉的是 ArchiCAD，其属于一个面向全球市场的产品，可以说是最早的一个具有市场影响力的 BIM 核心建模软件，但是在我国由于其专业配套的局限性（仅限于建筑专业）与多专业一体的设计院体制不匹配，很难实现业务突破。Nemetschek 的另外两个产品，AIIPLAN 的主要市场在德语区，VectorWorks 则是其在美国市场使用的产品名称。

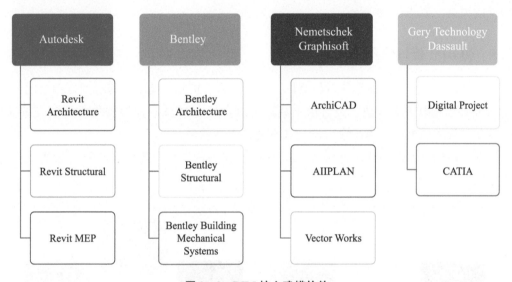

图 3-2　BIM 核心建模软件

4）Dassault 公司的 CATIA 是全球广泛使用的机械设计制造软件，在航空、航天、汽车等领域具有较高市场地位，应用到工程建设行业无论是对复杂形体还是超大规模建筑，其建模能力、表现能力和信息管理能力都比传统的建筑类软件有明显优势，而与工程建设行业的项目特点和人员特点的对接问题则是其不足之处。Digital Project 是 Gery Technology 公司在 CATIA 基础上开发的一个面向建筑行业的应用软件，其本质还是 CATIA。

对于一个项目或企业 BIM 建模软件技术路线的确定，可以考虑如下基本原则。

① 民用建筑用 Autodesk Revit。

② 工厂设计和基础设施用 Bentley。

③ 单专业设计事务所可以选择 ArchiCAD、Revit、Bentley。

④ 项目完全异形、预算比较充裕的可以选择 Digital Project 或 CATIA。

当然，除了上面介绍的情况以外，业主和其他项目成员的要求也是在确定 BIM 技术路线时需要考虑的重要因素。

3.2.2 BIM 方案设计软件

BIM 方案设计软件用在设计初期，其主要功能是把业主设计任务书里面基于数字的项目要求转化成基于几何形体的建筑方案，此方案用于业主和设计师之间的沟通和方案研究论证。BIM 方案设计软件可以帮助设计师验证设计方案和业主设计任务书中的项目要求相匹配。BIM 方案设计软件的成果可以转换到 BIM 核心建模软件中作进一步深化，继续验证是否满足业主要求。

目前主要的 BIM 方案设计软件有 Onuma Planning System 和 Affinity 等，其与 BIM 核心建模软件的关系，如图 3-3 所示。

3.2.3 和 BIM 接口的几何造型软件

在设计初期，建筑形体和体量研究以及复杂造型分析时，使用几何造型软件会比直接使用 BIM 核心建模软件更方便、更自由，甚至可以实现 BIM 核心建模软件无法实现的功能。几何造型软件的成果可以直接输入到 BIM 核心建模软件中。

目前常用的几何造型软件有 Sketchup、Rhino 和 FormZ 等，其与 BIM 核心建模软件的关系，如图 3-4 所示。

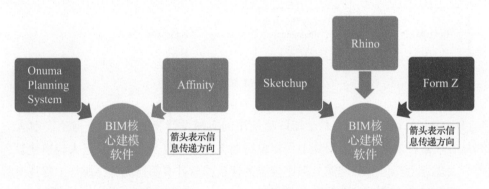

图 3-3　BIM 方案设计软件　　　　图 3-4　和 BIM 接口的几何造型软件

3.2.4 BIM 可持续（绿色）分析软件

可持续（绿色）分析软件可以使用 BIM 模型的信息对项目进行日照、风环境、热工、景观可视度、噪声等方面的分析，主要软件有国外的 EcoTech、IES、Green Building Studio 以及国内的 PKPM 等，其与 BIM 核心建模软件的关系如图 3-5 所示。

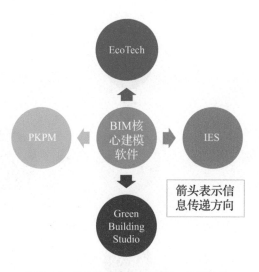

图 3 - 5　BIM 可持续（绿色）分析软件

3.2.5　BIM 机电分析软件

水、暖、电等设备分析软件，国内的软件产品有鸿业、博超等，国外的软件产品有 DesignMaster、IES Virtual Environment、Trane Trace 等，其与 BIM 核心建模软件的关系如图 3 -6所示。

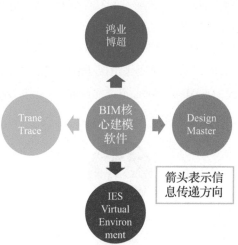

图 3 - 6　BIM 机电分析软件

3.2.6　BIM 结构分析软件

结构分析软件是目前和 BIM 核心建模软件集成度比较高的产品，基本上两者之间可以实现双向信息交换，即结构分析软件可以使用 BIM 核心建模软件的信息进行结构分析，分析结果对结构的调整又可以反馈到 BIM 核心建模软件中，自动更新 BIM 模型。

ETABS、STAAD、Robot 等国外软件以及 PKPM 等国内软件都可以跟 BIM 核心建模软件配合使用，如图 3 - 7 所示。

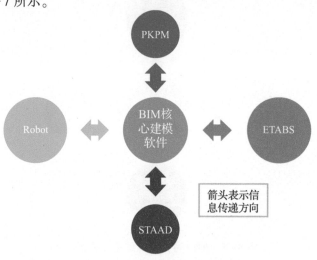

图 3 - 7 BIM 结构分析软件

3.2.7 BIM 可视化软件

BIM 模型可以导入到可视化软件中进行视觉效果分析，高度逼真的渲染图及特殊的动画效果可以扩展视觉环境，以便进行更有效的方案验证和外部沟通，基于 BIM 的可视化具有如下优点。

1）可视化的重复建模工作量减少了。

2）模型的精度与设计（实物）的吻合度提高了。

3）可以在项目的不同阶段以及各种变化情况下快速产生可视化效果。

常用的可视化软件包括 3DS Max、Artlantis、Accurender 和 Lightscape 等，其与 BIM 核心建模软件的关系如图 3 - 8 所示。

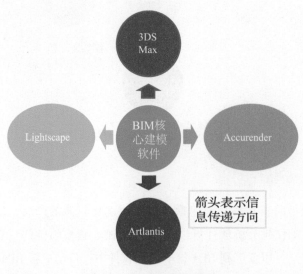

图 3 - 8 BIM 可视化软件

3.2.8　BIM 模型检查软件

BIM 模型检查软件既可以用来检查模型本身的质量和完整性，例如空间中有没有重叠，空间有没有被适当的构件围闭，构件之间有没有冲突等；也可以用来检查设计是否符合业主的要求，是否符合规范的要求等。

目前具有市场影响的 BIM 模型检查软件是 Solibri Model Checker，如图 3 - 9 所示。

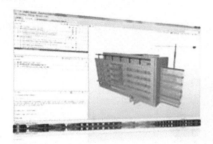
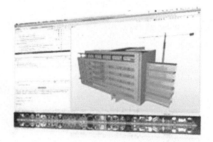

图 3 - 9　BIM 模型检查软件

3.2.9　BIM 深化设计软件

虽然 BIM 核心建模软件本身就有一定的深化设计功能，但在很多专业领域都会有专业的深化设计工具。例如在钢结构领域，Xsteel 就是很有影响的深化设计软件，该软件可以进行钢结构加工、安装的详细设计，生成钢结构加工制作图、施工详图（节点图、下料图）、材料表、数控机床加工代码等。在幕墙行业，ATHENA 也是专业的深化设计软件。图 3 - 10 是 Xsteel 设计的一个例子。

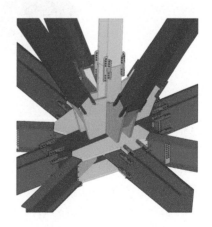

图 3 - 10　钢结构节点设计

3.2.10 BIM 模型综合碰撞检查软件

导致模型综合碰撞检查软件出现的原因主要有：

1）不同专业人员使用各自的 BIM 核心建模软件建立自己专业相关的 BIM 模型，这些模型需要在一个环境里面集成起来，才能完成整个项目的设计、分析、模拟，而这些不同的 BIM 核心建模软件无法实现这一点。

2）对于大型项目来说，硬件条件的限制使得 BIM 核心建模软件无法在一个文件里面操作整个项目模型，但是又必须把这些分开创建的局部模型整合在一起研究整个项目的设计、施工及其运营状态。

模型综合碰撞检查软件的基本功能包括集成各种三维软件（BIM 软件、三维工厂设计软件、三维机械设计软件等）创建的模型，进行 3D 协调、4D 设计、可视化、动态模拟等。其属于项目评估、审核软件的一种。常见的模型综合碰撞检查软件有 Autodesk Navisworks、Bentley Projectwise Navigator 和 Solibri Model Checker 等，其与 BIM 核心建模软件的关系如图 3-11所示。

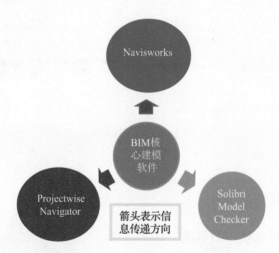

图 3-11　BIM 模型综合碰撞检查软件

3.2.11 BIM 造价管理软件

造价管理软件利用 BIM 模型提供的信息进行工程量统计和造价分析，由于 BIM 模型结构化数据的支持，基于 BIM 技术的造价管理软件可以根据工程施工计划动态提供造价管理需要的数据，这就是所谓 BIM 技术的 5D 应用。

国外的 BIM 造价管理软件有 Innovaya 和 Solibri，国内 BIM 造价管理软件的代表有鲁班、广联达等，其与 BIM 核心建模软件的关系如图 3-12 所示。

图 3 - 12 BIM 造价管理软件

下面以鲁班造价软件为例，它对以项目或业主为中心的基于 BIM 的造价管理解决方案应用给出了如下整体框架（图 3 - 13）。

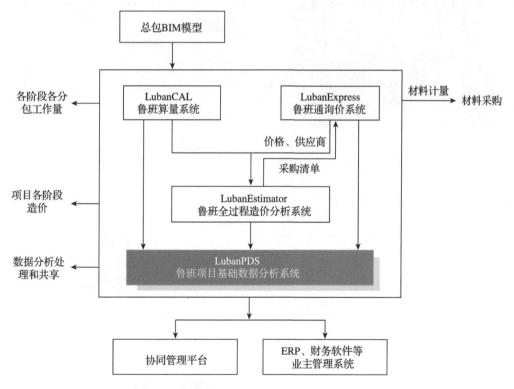

图 3 - 13 鲁班 BIM 系统

3.2.12 BIM 运营管理软件

BIM 模型为建筑物的运营阶段服务是 BIM 应用重要的推动力和工作目标，在这方面美国运营管理软件 Archibus 是非常有市场影响的软件，同时 Navisworks 也因其极好的 BIM 数据整合能力被越来越多地用于运营维护管理。其与 BIM 核心建模软件的关系如图 3-14 所示。

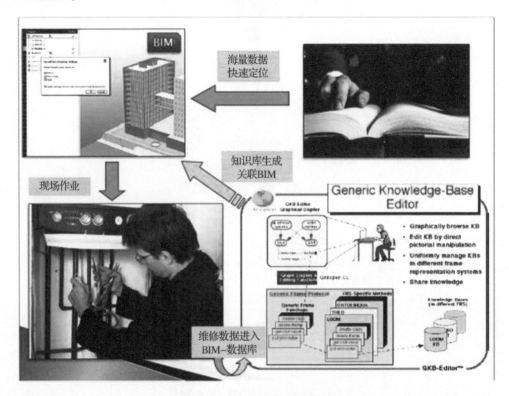

图 3-14　BIM 运营管理软件

3.2.13　BIM 发布和审核软件

最常用的 BIM 成果发布和审核软件包括 Autodesk Design Review、Adobe PDF 和 Adobe 3D PDF，正如这类软件本身的名称所描述的那样，发布审核软件把 BIM 的成果发布成静态的、轻型的、包含大部分智能信息的、不能编辑修改但可以标注审核意见的、更多人可以访问的格式，如 DWF、PDF、3D PDF 等，供项目其他参与方进行审核或者利用。其与 BIM 核心建模软件的关系如图 3-15 所示。

到此为止，本章介绍了目前工程建设行业经常应用的 13 种 BIM 相关软件。随着 BIM 应用的

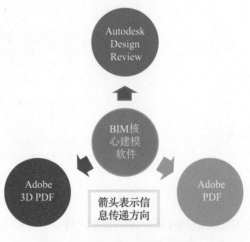

图 3-15　BIM 发布和审核软件

普及和深入，相信一定会有新的软件种类产生。

在这里我们把 BIM 软件的划分方法进行简化，可以发现这些软件基本上可以分为两大类。

第一大类：创建 BIM 模型的软件，包括 BIM 核心建模软件、BIM 方案设计软件以及和 BIM 接口的几何造型软件。

第二大类：利用 BIM 模型的软件，即除第一大类以外的其他软件。

那么，这么多不同类型的软件是如何有机地结合在一起为项目建设运营服务的呢？我们来看看图 3 - 16。

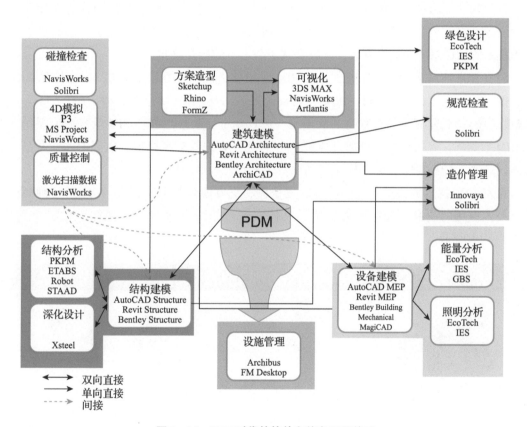

图 3 - 16　BIM 时代的软件和信息互用关系

图 3 - 16 中，实线表示信息直接互用，虚线代表信息间接互用，箭头表示信息互用的方向。从图中我们看到，不同类型的 BIM 软件可以根据专业和项目阶段作如下区分。

1）建筑：包括 BIM 建筑模型创建、几何造型、可视化、BIM 方案设计等。

2）结构：包括 BIM 结构建模、结构分析、深化设计等。

3）机电：包括 BIM 机电建模、机电分析等。

4）施工：包括碰撞检查、4D 模拟、施工进度和质量控制等。

5）其他：包括绿色设计、模型检查、造价管理等。

6）运营管理：FM（Facility Management）。

7）数据管理：PDM。

3.3 鲁班 BIM 应用

3.3.1 鲁班 BIM 解决方案及技术体系

1. 鲁班 BIM 解决方案

鲁班软件是国内领先的 BIM 软件厂商和解决方案供应商。鲁班 BIM 解决方案定位于建造阶段的 BIM 应用，从个人岗位级应用，到项目级及企业级应用，形成了一套完整的基于 BIM 技术的软件系统和解决方案，并且实现了与上下游的开放共享。

鲁班 BIM 解决方案，首先通过鲁班 BIM 建模软件高效、准确地创建 7D 结构化 BIM 模型，即 3D 实体、1D 时间、1D·BBS（投标工序）、1D·EDS（企业定额工序）、1D·WBS（进度工序）。创建完成的各专业 BIM 模型，进入基于互联网的鲁班 BIM 管理协同系统，形成 BIM 数据库。经过授权，可通过鲁班 BIM 各应用客户端实现模型、数据的按需共享，提高协同效率，轻松实现 BIM 从岗位级到项目级及企业级的应用。

鲁班 BIM 技术的特点和优势是可以更快捷、更方便地帮助项目参与方进行协调管理，BIM 技术应用的项目将收获巨大价值。具体实现可以分为创建、管理和应用三个阶段，如图 3-17 所示。

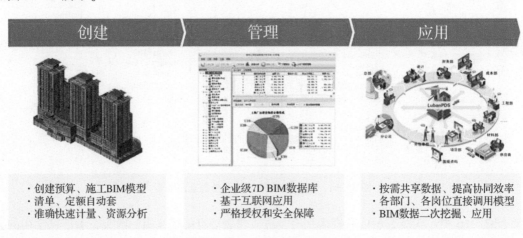

图 3-17 鲁班 BIM 解决方案

2. 鲁班 BIM 技术体系

1）系统客户端：

➤ 鲁班管理驾驶舱　LubanGovern

➤ 鲁班 BIM 浏览器　Luban Explorer

➤ 鲁班集成应用　Luban Works

➤ 鲁班后台管理端　Luban PDS

2）配套使用的建模软件：

➤ 鲁班造价软件　Luban Estimator

➤ 鲁班土建软件　Luban Architecture

➤ 鲁班钢筋软件　Luban Steel

➤ 鲁班安装软件　Luban MEP

➤ 鲁班施工软件　Luban PR

➤ 鲁班下料软件　Luban SG

➤ 鲁班钢构软件　Luban Steelwork

➤ 鲁班总体软件　Luban Exterior

3. 鲁班项目基础数据分析系统

鲁班项目基础数据分析系统（Luban PDS）是一个以 BIM 技术为依托的工程成本数据平台，如图 3-18 所示。它创新性地将最前沿的 BIM 技术应用到了建筑行业的成本管理当中。只要将包含成本信息的 BIM 模型上传到系统服务器，系统就会自动对文件进行解析，同时将海量的成本数据进行分类和整理，形成一个多维度、多层次、包含三维图形的成本数据库。通过互联网技术，系统将不同的数据发送给不同的人，总经理可以看到项目资金使用情况，项目经理可以看到造价指标信息，材料员可以查询下月材料使用量，不同的人各取所需。从而对建筑企业的成本精细化管控和信息化建设产生重大作用。

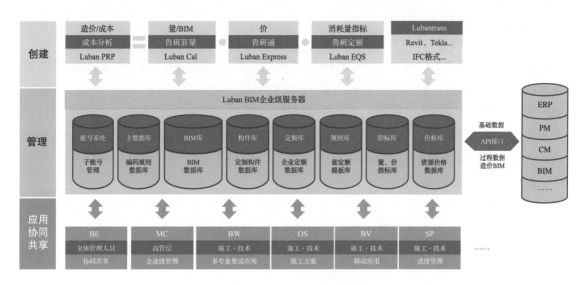

图 3-18　Luban PDS 系统

Luban PDS 系统改变了传统信息交互方式，使混乱的信息交互变得有序、高效，如图 3-19所示。

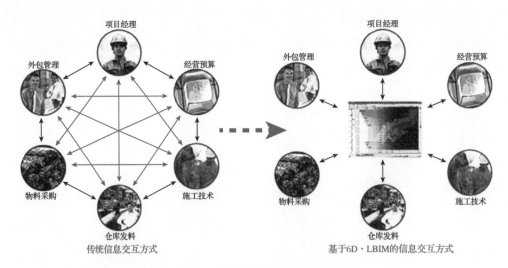

图 3 - 19　Luban PDS 系统信息交互方式

3.3.2　鲁班 BIM 建模软件及工作原理

1. 鲁班 BIM 建模软件主要构成

鲁班 BIM 建模软件主要服务于后期的 BIM 用模，通过前期三个专业（土建、钢筋、安装）的模型建立，充分利用设计阶段的设计成果，进行快速、高效的建模。创建好的 BIM 模型，上传到 BIM 系统中进行共享，通过权限设置，施工企业的管理层、各岗位的人员可通过相应的客户端（Luban BW、Luban MC、Luban BE 等）获取模型信息，协助管理决策，最大化地实现 BIM 模型的价值。

■鲁班土建（Luban AR）

鲁班土建软件建模效率高；二维 CAD 图纸转化识别效率高，兼容主流三维 BIM 建模软件的设计成果，可充分利用设计成果；本土化优势明显；内置全国各地清单、定额、计算规则，不仅可以直观显示三维效果，展示构件空间关系，还可以高效计算工程量，用于造价、成本管理；具有建模智能检查系统，基于云技术的在线检查可以随时随地对创建的模型进行检查，减少建模错误和遗漏。

■鲁班钢筋（Luban ST）

结构配筋自动识别转化，建模效率高，避免钢筋 BIM 模型逐根创建的巨大工作量；三维显示真实搭接方式，可指导复杂部位钢筋绑扎；内置钢筋规范，工程量快速统计便于成本信息的统计及钢筋成本管控；具有建模智能检查系统，基于云技术的在线检查可以随时随地对创建的模型进行检查，减少建模错误和遗漏。

■鲁班安装（Luban MEP）

鲁班安装软件包括水、电、暖、消防等机电安装各专业，分专业快速建模，再整合成为机电安装 BIM 模型；CAD 转化直接建模，效率高；同时兼容其他主流机电 BIM 软件的三维建模成果，可充分利用设计成果，避免重复建模；本土化优势明显；内置全国各地清单、定额、计算规则，不仅可以直观显示三维效果，展示构件空间关系，还可以高效计算工程量，用于造价、成本管理；具有建模智能检查系统，基于云技术的在线检查可以随时随地对创建的模型进行检查，减少建模错误和遗漏。

2. 鲁班 BIM 建模软件主要构成

1）构件分类。构件主要分成三类。

① 骨架构件：需精确定位，骨架构件的精确定位是工程量准确计算的保证，如骨架构件的定位不正确，会导致寄生构件、区域型构件的计算不准确，如给水排水工程中的管道安装。

② 寄生构件：需在骨架构件绘制完成的情况下，才能绘制，如管道上的阀门、法兰等。

寄生构件具有以下性质：主体构件不存在的时候，无法建立寄生构件；删除了主体构件，寄生构件将同时被删除；寄生构件可以随主体构件一同移动。

③ 区域型构件：是软件根据骨架构件形成的构件，例如给水排水工程中的管道配件（三通、四通等），又如电气工程中的接线盒，这些在手工统计的时候都是很难计算准确的，工程量非常大，而软件则可以自动生成。

2）构件属性。构件属性主要分为四类。

① 物理属性：主要是构件的标识信息，如构件规格、材质等。

② 几何属性：主要指与构件本身几何尺寸有关的数据信息，如断面形状等。

③ 清单（定额）属性：主要记录该构件的工程做法，即套用的相关清单（定额）信息，实际也就是计算规则的选择。

构件的属性一旦赋予后，并不是不可变的，可以通过"属性工具栏"或"构件属性定义"按钮，对相关属性进行编辑和重新定义。

3）"BIM 建模"包括两方面的内容。

① 定义每种构件的属性：构件类别不同，其具体的属性也不相同。

② 绘制算量平面图：软件主要采用的是描图的思路，即对照相关设计图纸，将上面的工程量用鲁班软件里定义好的构件表示出来。

4）"BIM 建模"的原则。

① 需要计算工程量的构件，必须绘制到算量平面图中。"鲁班算量"在计算工程量时，算量平面图中找不到的构件就不会被计算，尽管用户可能已经定义了它的属性名称和具体的属性内容。

② 确认所要计算的项目。在计算工程量之前，首先要在软件中根据相应的构件在计算项目设置栏中设置好所要计算的是哪些工程量。

③ 灵活掌握，合理运用。使用"鲁班算量"要达到同一个目的，可以使用多种不同的命令，具体选择哪一种更为合适，可随个人熟练程度与操作习惯而定。

3.3.3 鲁班 BIM 建模软件的作用及功能

1. 鲁班土建 BIM 建模软件的作用及功能

鲁班土建 BIM 建模软件是鲁班系列软件中的一款产品，可计算工程项目中混凝土、模板、砌体、脚手架、粉刷和土方等工程量，是基于 AutoCAD 图形平台开发的工程量自动计算软件。它采用多种快速建模方式，建立模拟工程现场情况的信息模型，自动套用全国各地清单和定额项目及计算规则，智能检查纠正工程量少算、漏算、错算等情况，最终汇总统计各类土建工程量表单，用于工程项目全过程管理，充分考虑了我国工程造价模式的特点及未来造价模式的发展变化。鲁班土建 BIM 建模软件具有以下三大功能。

1）快速建立三维模型。软件可采用 CAD 转化、手工建模等方式帮助 BIM 施工员快速建立与工程图纸、技术资料相对应的三维模型。鲁班土建 BIM 建模软件能够分析提取 CAD 电子图中墙、柱、梁、门窗及部分表格的尺寸和标高信息，准确定位、自动生成各类三维模型，通过该模型可以更直观地了解工程的具体情况与细部节点，使得整个计算过程显示在人们面前，方便现场技术交底和确定技术方案，并将原有的二维平面分析工作模式带入到三维动态变化模拟中。

2）自动汇总工程量。软件可灵活多变地输出各种形式的工程量表单，满足不同的需求；软件可以根据全国各地不同的定额、清单计算规则，自动计算各个构件的算量关系，分析统计各类工程量，如清单项目工程量、分层工程量、分构件工程量等，自动统计建筑面积、门窗、房间装饰等；软件提供的表格中既有构件的具体数量和轴线位置，同时也提供构件详细的计算公式；软件可满足从工程招标投标、施工到决算全过程的工程量统计分析。

3）检验纠错功能。软件中设置的智能检查功能，可检查用户建模过程中少算、漏算、错算等情况，并提供详细的错误表单、参考依据、规范和错误位置信息，同时提供批量修改方法，最大程度保证了模型的准确性，避免造成不必要的损失和巨大风险。

土建工程计量软件的操作流程：

鲁班土建 BIM 建模软件的操作可按照以下流程进行：首先在完成安装算量软件后，仔细分析工程混凝土等级、楼层标高、基础类型等关键信息，对整个工程有框架性的认识后，开始工程设置，填入关键参数，选择算量模式；然后按照所提供的图纸、合同等信息资源，选择 CAD 转化、LBIM 导入、手工描图方式建立工程模型；随后模型套取相应的清单或定额项目，完成各构件工程量的计算；最后输出所需工程量报表。鲁班土建 BIM 建模软件操作流程如图 3-20 所示。

1）工程设置。工程设置是软件操作的准备工作，将完成工程关键信息的设置。工程设置的内容包括：

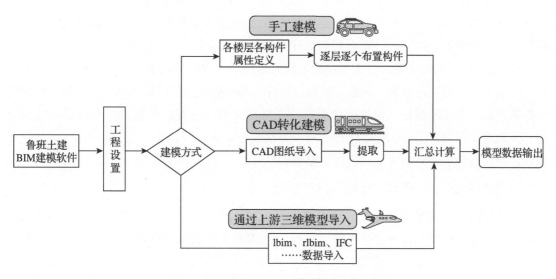

图 3-20 鲁班土建 BIM 建模软件操作流程

①工程信息概况，如工程名称、工程地点、结构类型、建筑规模等信息。

②选择算量模式，如清单模式、定额模式，该工程所需要套用的清单、定额库以及清单、定额的计算规则信息。

③楼层信息设置，如工程的楼层标高、标准层设置、室外设计地坪标高、自然地坪标高、地下水位等信息。

④材质设置，工程中大宗材料材质等级设置，如砌体、混凝土、土方等。

⑤标高设置，工程中的两种相对标高（楼层标高和工程标高）设置。

2）工程建模。工程建模是鲁班土建 BIM 建模软件操作的核心阶段，该阶段既要完成对构件的属性定义和布置，也要按照工程具体情况套用合适的清单、定额项目，为后期 BIM 用模提供模型支持。这个过程耗用时间较长，需要通盘考虑整个工作流程，所以依据所提供的图纸等信息资源，选择合适的建模方式尤为重要。工程建模有三种方式：手工建模、CAD 转化建模和 LBIM 数据导入建模。

① 手工建模一般适用于只有蓝图而没有电子图的情况。通过读图、识图，掌握建筑类型，熟悉构件名称、尺寸、标高等信息，手动完成属性定义，然后依据蓝图逐个完成各楼层、各构件的布置，花费时间较长，但是在绘制的过程中对于图纸各个细部节点认识清晰。

② 在具备 CAD 图纸的条件下，CAD 转化建模可将图纸分批次、分构件导入软件中，通过识别技术完成将二维文字、线条转化为三维实体的过程，可大量节省各类构件属性定义及重复布置的过程，效率高，定位方便，且不易出错。同时也可将图纸中表格数据直接提取到软件中，生成对应构件的属性。

③ LBIM 数据导入建模可以实现全专业的数据互导，将做好的钢筋等模型或是上游设计单位建立好的 Revit、Tekla、Rhino 等模型导入到土建 BIM 建模软件中，自动生成构件三维信息，工作效率高、协同好，更利于 BIM 模型的精细化建立。

3）汇总计算和报表输出。汇总计算是按照图纸内容和项目特征，将工程模型中的各个构件分别套取相对应的清单、定额，然后由软件自动根据所选择的计算规则，计算构件之间的扣减关系，获得工程量。电子表格能够用于统计分析，并可根据需要按照楼层、构件类型、清单定额等形式汇总和提供计算公式，方便反查对账。可以将模型输出到造价软件中，使得算量、造价联系更加紧密，造价更加准确。

2. 鲁班钢筋 BIM 建模软件的作用及功能

鲁班钢筋 BIM 建模软件是独立自主平台开发的工程量自动计算软件。它采用多种快速建模方式，建立模拟工程现场情况的信息模型，遵循全国通用的图集、规范（平法系列图集、结构设计规范、施工验收规范和常见的钢筋施工工艺等)，可智能检查纠正工程量少算、漏算、错算等情况，最终汇总统计各类钢筋工程量表单，用于工程项目全过程管理，充分考虑了我国工程造价模式的特点及未来造价模式的发展变化。鲁班钢筋 BIM 建模软件具有以下三大功能。

1）快速建立三维模型。鲁班钢筋 BIM 建模软件可采用 CAD 转化、手工建模等方式帮助 BIM 施工员快速建立与工程图纸、技术资料相对应的三维 BIM 模型。它能够提取识别 CAD 电子图中的柱、墙、门窗、梁、板筋、独基等构件的尺寸和配筋信息，准确定位、自动生成各类构件的三维模型。通过该模型可以更加直观地了解工程具体情况与细部节点，使得整个计算过程更直观地显示在人们面前，方便现场技术交底和确定技术方案，将 BIM 施工员从原有的二维平面分析工作模式带入到三维动态变化模拟中。

2）自动汇总工程量。软件可灵活多变地输出各种形式的工程量数据，满足不同的需求。软件可分类汇总各工程量，如钢筋汇总表、钢筋明细表、接头汇总表、经济指标表、自定义报表和清单定额表等。提供的表格中既有构件的总量，同时也有构件详细的计算公式。可满足从工程招标投标、施工到决算全过程工程量的统计分析。

3）检验纠错功能。软件中设置的智能检查功能，可检查用户建模过程中少算、漏算、错算等情况，并提供详细的错误表单，提供参考依据、规范和错误位置信息，并提供批量修改方法，最大程度保证了模型的准确性，避免造成不必要的损失。

鲁班钢筋 BIM 建模软件的操作流程：

鲁班钢筋 BIM 建模软件的操作可按照以下流程进行：首先在完成安装钢筋 BIM 建模软件后，仔细分析工程混凝土等级、抗震等级、楼层标高、结构类型等关键信息，在对整个工程有框架性认识后，开始工程设置，填入关键参数，选择算量模式；接着按照所提供的图纸、合同等信息资源，选择 CAD 转化、LBIM 导入、手工描图等方式建立工程 BIM 模型；然后根据国标图集完成各构件钢筋工程量的计算；最后进行模型和数据的输出。鲁班钢筋 BIM

建模软件的操作流程如图 3 – 21 所示。

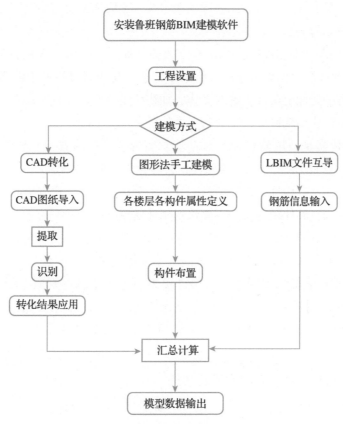

图 3 – 21　鲁班钢筋 BIM 建模软件操作流程

1）工程设置。工程设置是软件操作的准备工作，将完成工程关键信息的设置。工程设置的内容包括：

①工程概况，如工程名称、工程地点、结构类型、建筑规模等信息。

②计算规则，如图集版本选择、抗震等级、根数取整规则、计算参数等信息。

③楼层设置，如楼层名称、楼层层高、楼地面标高、面积等信息。

④锚固设置，如锚固值查表及修改、锚固条件设置、搭接系数等信息。

⑤计算设置，如构件计算规则参数值、属性导入导出等信息。

⑥搭接设置，如各构件接头设置、接头导入导出等信息。

⑦标高设置，如各构件的楼层标高、工程标高修改。

⑧箍筋设置，如复合箍筋内部组合方式修改。

2）工程建模。工程 BIM 模型建模是软件操作的核心阶段，该阶段既要完成对构件的属性定义和布置，也要按照工程具体情况选用对应的图集版本。这个过程耗用时间长，需要通盘考虑整个工作流程，所以依据所提供的图纸、合同等信息资源，选择合适的建模方式尤为重要。工程建模有三种方式：手工建模、CAD 转化建模和 LBIM 互导建模。

①手工建模一般适用于只有蓝图而没有电子图的情况。通过读图、识图，掌握结构类型、抗震等级和混凝土等级等信息，进行属性定义，然后依据蓝图绘制图形，将所有需计算的工程构件模型建立起来。

②CAD转化建模一般适用于有CAD电子图的情况。将图纸导入钢筋BIM建模软件中，通过对CAD图纸的提取、识别和应用，将图形信息转化为鲁班钢筋中的构件，转化的同时读取构件信息，省去属性定义及布置的操作，加快建模速度。同时，对于图纸中一些表格类型的数据也能直接转化到软件中，生成对应的构件属性。

③LBIM互导建模是通过软件的互导功能，实现全专业的数据互导，即将做好的土建BIM模型以LBIM文件的形式导入钢筋软件中，转化为钢筋中的构件。导入完成后，无须再布置结构部分，直接进行构件的钢筋信息输入和汇总出量。此建模方法的使用，建议在剪力墙结构的情况下选用，其他结构类型不建议选用此建模方法。

3）汇总计算和报表输出。汇总计算是将工程模型中的各个构件配筋进行定义及布置，然后由软件根据国标图集自动计算构件之间的锚固搭接关系，获得工程量。电子表格能够进行统计分析，可根据需要按照楼层、构件类型、直径范围等形式汇总，并提供计算公式，方便反查对账。同样，可以将模型输出到造价软件中，使得算量、造价联系更加紧密，造价更加准确。同时支持BIM模型上传到Luban BE、Luban MC中，进行相关信息查看。

3. 鲁班安装BIM建模软件的作用及功能

安装BIM建模软件分为给水排水、电气、暖通、消防、弱电五个专业。

初识给排水、电气、暖通

通过对安装分专业的建模达到分专业出量的目的，BIM模型建立完成后可对模型进行合并，对模型进行管线综合的调整，高效快速地解决施工中遇到的管道翻弯问题。安装BIM模型也可与土建模型合并进行碰撞检查，通过碰撞检查找出有价值的碰撞与施工单位或设计院进行沟通，真正做到将施工中遇到的问题提前发现、提前解决，避免施工时的不合理而返工的风险。

安装BIM模型与土建BIM模型的关系：安装BIM模型与土建BIM模型合并后不仅可以进行管线综合调整、进行碰撞检查，还可以在管道和墙体的碰撞处一键生成阻火圈、套管等附件，方便模型建立。

给水排水专业BIM模型特点：给水排水专业BIM模型的建立可以清晰地看到水平管与立管的连接方式，将平面图中的管线信息进行三维化、可视化。

电气专业BIM模型特点：电气专业的设备及管线可以通过转化完成模型建立并得到对应工程量，还可根据平面图中的管线标注进行对应根数的转化。模型包含管线的预留量。

暖通专业BIM模型特点：可实现风管的转化、风管部件的布置，可自动根据风管的尺寸和安装高度进行生成，地暖可直接线变生成模型。

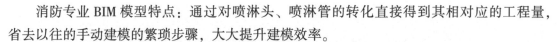

消防专业 BIM 模型特点：通过对喷淋头、喷淋管的转化直接得到其相对应的工程量，省去以往的手动建模的繁琐步骤，大大提升建模效率。

弱电专业 BIM 模型特点：管线的快速转化及预留同电气专业。对于壁装灯具可布置两根竖向管线。

3.4 BIM 的实施环境

3.4.1 BIM 与硬件

硬件和软件是一个完整的计算机系统互相依存的两大部分，当确定了使用哪些 BIM 软件之后，就必须考虑应该如何配置硬件。

BIM 基于三维的工作方式，对硬件的计算能力和图形处理能力有非常高的要求。以最基本的项目建模为例，BIM 建模软件相比传统的二维 CAD 软件，在计算机配置方面，需要着重考虑 CPU、内存和显卡等的配置。

1）CPU：即中央处理器，它是计算机的核心，推荐使用二级或三级高速缓冲存储器的 CPU。采用 64 位 CPU 和 64 位操作系统对提升运行速度有一定作用，大部分软件目前也都推出了 64 位版本。多核系统可以提高 CPU 的运行效率，在同时运行多个程序时速度更快，即使软件本身并不支持多线工作，采用多核也能在一定程度上优化其工作表现。

2）内存：是与 CPU 沟通的桥梁，关乎着一台计算机的运行速度。越大越复杂的项目会越占内存，一般所需内存的大小最少是项目文件大小的 20 倍。目前大部分 BIM 项目都比较大，一般推荐采用 8G 或 8G 以上的内存，并且可拓展。

3）显卡：对模型表现和图形处理来说非常重要，越高端的显卡，三维效果越逼真，图面切换越流畅。应避免集成式显卡，因为集成式显卡要占用系统内存来运行，而独立显卡有自己的显存，显示效果和运行性能也更好。一般显卡容量不应小于 2G。

4）硬盘：硬盘的转速对系统速度也有影响，一般来说越快越好，不过它对软件工作表现的提升作用没有前三者那么明显。

关于各个软件对硬件的要求，软件厂商一般都会有推荐的配置要求，但从项目应用 BIM 的角度出发，需要考虑的不仅仅是单个软件产品的配置要求，还必须考虑项目的大小、复杂程度、BIM 的应用目标、团队应用程度和工作方式等。

对于一个项目团队来说，可以根据每个成员的工作内容配备不同的硬件，形成阶梯式配置。例如，单专业的 BIM 建模可以考虑较低的配置，而对于多专业模型整合就需要较高的配置，某些大数据的模拟分析所需的配置就会更高。而且，若采用网络协同工作模式，则还需要设置中央储存服务器。上海思博职业技术学院在建设 BIM 实训室期间就配置了中央储存服务器。

上海思博职业技术学院和上海鲁班软件股份有限公司进行校企合作，共建了 BIM 实训

室和 BIM 协同创新中心，表 3-1 是教学用 BIM 实训中心的配置要求（仅供参考）。

表 3-1　上海思博职业技术学院 BIM 实训中心配置方案

序号	项目	可选项	具体内容	建议配置	推荐品牌
1	计算机	必选	主机	i5/16GB/500GB/Quadro NVS300 操作系统：Windows 7，双显示器	DELL 戴尔 Precision T1600
		必选	显示屏	22 英寸 LED 背光液晶显示器 ×2 ——配置双显示器	DELL 戴尔 P22
2	BIM 服务器	必选	服务器	Xeon E5-2640 ×1/16GB/4 ×1TB	DELL R720
		可选	操作系统	Windows Server 2008 Enterprise 64 位版	Microsoft
		可选	UPS 电源	山特 C10K	山特
3	影音 设备	必选	投影仪	工程投影机 1920 ×1080 分辨率 3500lm	明基 1024 ×768
		可选	电子白板	交互式电子白板 面板尺寸：1820mm ×1280mm ×34mm	高科 GK-880D
		可选	音响系统	国产音响系统	

3.4.2　BIM 团队

1. BIM 工程师的兴起

目前，在部分设计单位内部出现了 BIM 工程师这样一个职位。在一个项目的团队里面有一个人承担 BIM 的工作，这个人对 BIM 很了解、很精通，同时又有设计背景，且具有在整个项目中进行协调的能力，每个项目都有 BIM 工程师，这些 BIM 工程师组合在一起就形成了 BIM 团队。

如果通过培训设计师，让设计师掌握 BIM 的技能，成本相对比较高，而且一个项目结束以后，还会继续接第二个项目，第二个项目的环境又未必需要 BIM 支撑，所以可以把这些精通 BIM 的人专门组织在一起，由他们提供 BIM 服务，就有了 BIM 工程师。

BIM 工程师未必在设计经验方面非常的高深，但是他要有系统性的理念，逻辑性要强，最好有建筑设计的经验，通过技能培训，在积累了一定经验以后，就会成为一个合格的 BIM 推动者。

2. BIM 项目经理

在建筑业各种机构和组织由 CAD 向 BIM 转变的过程中，BIM 项目经理是关键角色之一。每个 BIM 团队都需要指定一人作为 BIM 项目经理，被指定为 BIM 项目经理的人不能是本身具有生产任务的人员。

BIM 项目经理负责执行、指导和协调所有与 BIM 相关的工作，包括项目目标、流程、进度、资源和技术的管理；应用数字化项目设计相关的各类工程原理、方法技巧和标准，在所有和 BIM 相关的事项上提供权威的建议和指导；协调和管理在 BIM 环境中工作的所有项目团队，以保障产品在技术上的合适性、完整性、及时性和一致性。

美国陆军工程兵团对其所属机构 BIM 项目经理的定义对国内企业 BIM 团队的建立具有很好的参考意义，其将 BIM 项目经理的主要职责分为四个部分。

（1）数据库管理——时间投入约 25%

1）开发和维护一个标准数据模板、目录和数据库，准备和更新这些数据产品供内部和外部的设计团队、施工承包商、设施运营和维护人员用于项目从概念一直到运营整个全生命周期内的项目管理工作。

2）审核在使用 BIM 过程中产生的单元（例如门、窗等）和模块（例如卫生间、会议室等）等各种数据，保证它们和有关的标准、规程以及总体项目要求一致。

3）协调项目实施团队、软硬件厂商、其他技术资源和客户，直接负责解决和确定与数据库关联的各种问题。确定来自于组织的其他成员的输入要求，维护和所有 BIM 相关组织的联络，及时通知标准模板和标准库的任何修改。

4）为使用 BIM 技术做项目设计的设计团队、使用 BIM 模型产生竣工文件的施工企业、使用 BIM 导出模型进行运营和维护的设施管理企业提供合适的数据库和标准的访问，并在上述 BIM 用户需要的时候回答问题和提供指引。

5）把设计团队和施工企业产生的 BIM 模型中适当的元素并入标准数据库。

（2）项目执行——时间投入约 30%

1）协调项目团队在 BIM 环境中有关软硬件方面的问题，监控 BIM 环境中生产的所有产品的准备工作。

2）向管理层建议实施团队的构成。

3）协调安排项目启动专题讨论会的相关事项，根据需要参加项目专题讨论会。

4）基于项目和客户要求，设立数字工作空间和项目初始数据集。

5）为项目团队提供随时的疑难解答。

6）监控和协调模型的准备，以及支持项目团队组装必要的信息，完成最后的产品。

7）监控和协调所有项目需要的专用信息的准备工作，以及支持所有生产最终产品必需的信息的组装工作。

8）审核所有信息，保证其符合标准、规程和项目要求。

9）确定各种冲突，并把未解决的问题连同建议解决方案一起呈报上级主管。

（3）培训——时间投入约 20%

1）为项目团队成员提供和协调最大化的 BIM 技术培训。

2）根据需要，协调年度更新培训和项目专用培训。

3）根据需要，本人参与更新培训和项目专题研讨培训班。

4）根据需要，在项目过程中对 BIM 个人用户提供随时培训。

5）和设计团队、施工承包商、设施运营商进行接口开发和加强他们的 BIM 应用能力。

6）为管理层提供有关技术进步以及相应建议、计划和状态的简报。

7）给管理层提供员工培训需要和机会的建议。

8）在有需要和被批准的前提下为会议和专业组织做 BIM 演示介绍。

（4）程序管理——时间投入约 25%

1）管理 BIM 程序的技术和功能环节，最大化客户的 BIM 利益。

2）和总部、软件厂商、其他地区（部门）、设计团队以及其他工程组织接口，走在 BIM 相关工程设计、施工、管理软件技术的前沿。

3）本地区或部门有关 BIM 政策的开发和建议批准。

4）为管理层和客户代表介绍各种程序的状态、阶段性成果和应用的先进技术。

5）跟设计团队、地区管理层、总部、客户和其他相关人员协调建立本机构的 BIM 应用标准。

6）管理 BIM 软件，实施版本控制，研究并为管理层建议升级费用。

7）积极参加总部各类 BIM 规划、开发和生产程序的制定。

当然，根据实施方工作职能的不同，BIM 团队的人员配备也会有不同，对 BIM 项目经理和相关人员的要求也会有差异。例如，对于业主方的 BIM 团队，其下的设计、施工、各种咨询顾问的 BIM 团队的子团队，业主 BIM 项目经理需要从项目全生命周期管理的角度出发领导这个"虚拟团队"，协调工作。

3. BIM 技术团队

对于技术团队的建立，需要考虑的是：

1）每个 BIM 团队都需要指定一位技术主管，负责管理 BIM 模型，使用质量报告工具，保证数据质量，确保所有的 BIM 工作遵守项目 CAD 标准和 BIM 标准。

2）指定实际负责项目的建筑师或工程师来设计 BIM 模型，实现在三维环境里执行设计和设计修改。在使用 BIM 进行设计的过程中，需要经常性和快速地进行设计决策，建筑师和工程师应该是自己使用 BIM 来工作，而不是只是告诉绘图员模型什么地方需要修改。

任何项目或计划的成功都离不开"人"的作用。任何项目或计划都是"人"在制定目标、推动进程、处理信息、使用成果并创造价值。因此建立一支目标明确、协同统一的团队是保证 BIM 技术得以成功实施的关键。

视频：劲松路2号
旧城改造工程

视频：龙馨家园
标准层施工展示

视频：路发
广场项目

视频：浙江
大厦工程

建筑工程BIM概论
jian zhu gong cheng BIM gai lun

第4章　BIM 应用案例

04

4.1　上海中心大厦项目

4.1.1　项目介绍

上海中心大厦项目位于上海市浦东新区陆家嘴金融中心 Z3-1、Z3-2 地块，紧邻金茂大厦和环球金融中心。项目包括：一个地下 5 层的地库、1 幢 121 层高的综合楼（其中包括办公及酒店）和 1 幢 5 层高的商业裙楼。总建筑面积约 574058m²，其中地上建筑面积约 410139m²，地下建筑面积约 163919m²。裙楼高度 32m，塔楼结构高度 580m，塔冠最高点为 632m（图 4-1）。

上海中心大厦围绕可持续发展的设计理念，力求在建筑的全生命周期，实现高效率的资源利用，把对环境的影响降到最低。大厦以中国绿色建筑和美国 LEED 绿色建筑认证体系为目标，力争成为中国第一座得到"双认证"的绿色超高层建筑。

图 4-1　上海中心大厦

4.1.2　项目难点

上海中心大厦建筑面积超大、建筑结构超高，是上海的一座超高层地标式摩天大楼；其设备机房分布点多面广，除地下 1～5 层有大量设备机房外，地上设备层有 9 处（6～7、20～21、35～36、50～51、66～67、82～83、99～100、116～117、121 层），可见设备数量之多、分布面之广；采用多项绿色环保节能技术，采用了冰蓄冷、三联供、地源热泵、风力发电、中水、智能控制等多项绿色环保节能技术，给工程管理与系统调试等方面带来一定难度；系统齐全、垂直分区多，空调系统设置低区和高区 2 个能源中心，分为 10 个空调分区，有中央制冷、冰蓄冷、三联供、地源热泵、VAV 空调、风机盘管、带热回收装置的新风等

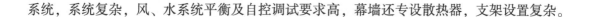

系统，系统复杂，风、水系统平衡及自控调试要求高，幕墙还专设散热器，支架设置复杂。

4.1.3　BIM 对于上海中心大厦的意义

在上海中心大厦的建设过程中，BIM 技术的运用覆盖了施工组织管理的各个环节，包括深化设计、施工组织、进度管理、成本控制、质量监控等。从建筑的全生命周期管理角度出发，施工阶段 BIM 运用的信息创建、管理和共享技术，更好地控制了工程质量、进度和资金运用，保证了项目的成功实施，为业主和运营方提供了更好的售后服务，实现了项目全生命周期内的技术和经济指标最优化。上海中心大厦作为"中华第一楼"，BIM 在项目的策划、设计、施工及运营管理等各阶段的深入化应用，为项目团队提供了一个信息、数据平台，有效地改善了业主、设计、施工等各方的协调沟通。同时帮助施工单位进行施工决策，以三维模拟的方式减少施工过程的错、漏、碰、撞，提高一次安装成功率，减少了施工过程中的时间、人力、物力浪费，为方案优化、施工组织提供了科学依据，从而为这座被誉为上海新地标的超高层建筑成为绿色施工、低碳建造典范提供了有力保障。

4.1.4　BIM 在上海中心大厦中的应用

1. 更为直观的图纸会审与设计交底

项目施工前对施工图进行初步熟悉与复核，该工作的意义在于，通过深入了解设计意图与系统情况，为施工进度与施工方案的编制提供支持。同时，通过对施工设计的了解，查找项目重点、难点部位，制定合理的专项施工方案。此外，针对一些施工设计中不明确、不全面的问题与设计院、业主进行沟通与讨论，例如系统优化、机电完成标高以及施工关键方案的确定等问题。

在该工程中，利用 BIM 模型的设计能力与可视性，为工程的图纸会审与设计交底工作提供了最为便利与直观的沟通方式。首先，BIM 团队采用 Autodesk Revit 系统软件，根据工程的建筑、结构以及机电系统等施工设计图纸进行三维建模。通过建模工作可以核查各专业原设计中不完整、不明确的部分，经整理后提供给设计单位。其次，可利用模型进一步确定施工重点、难点部位的设备布局、管线排列以及机电完成标高等。此外，可结合 BIM 技术的设计能力，对各主要系统进行详细的复核计算，提出优化方案供业主参考。

2. 三维环境下的管线综合设计

传统的综合平衡设计都是以二维图纸为基础，在 CAD 软件下进行各系统叠加。设计人员凭借自己的设计与施工经验在平面图中对管线进行排布与调整，并以传统平、立、剖面形式加以表达，最终形成管线综合设计。这种以二维为基础的图纸表达方式，不能全面解决设计过程中不可见的错、漏、碰、撞问题，影响到一次安装的成功率。

在该工程中，改变传统的深化设计方式，利用 BIM 的三维可视化设计手段，在三维环境下将建筑、结构以及机电等专业的模型进行叠加，并将其导入到 Autodesk Navisworks 软件中做碰撞检测，并根据检测结果加以调整。这样，不仅可以快速解决碰撞问题，而且还能够创建更加合理美观的管线排列。此外，通过高效的现场资料管理工作，及时修改快速反映到模型中，可以获得一个与现场情况高度一致的最佳管线布局方案，有效提高了一次安装的成功率，减少了返工。

3. 利用 BIM 的多维化功能进行施工进度编排

上海中心大厦机电安装工程被分为地下室、裙楼、低区、高区四个区段分别施工，安装总工期在 1279 天左右。

对于以往的一些体量大、工期长的项目，进度计划编制主要采用传统的粗略估计的办法。该工程中，采用模型统计与模拟的方法进行施工进度编排。在工程总量与施工总工期没有重大变化的前提下，首先，在深化设计阶段模型的基础上将工程量统计的相关参数（例如各类设备、管材、配件、附件的外形参数、性能参数等数据）添加到 BIM 模型中。其次，将模型内包含的各区段、各系统工程量进行分类统计，从而获得分区段、分系统工程量分析，并从中分别提取出设备、材料、劳动力需求等数据。最后，借用上述数据，综合考虑工作面的交付、设备材料供应、劳动力资源、垂直运输能力、临时设施使用等各类因素的平衡点，对施工进度进行统筹安排。借用 BIM 模型 4D、5D 功能的统计与模拟能力改变以往粗放的、经验估算的管理模式，用更加科学、更加精细、更加均衡的进度编排方法，以解决施工高峰所产生的施工管理混乱、临时设施匮乏、垂直运输不力、劳动力资源紧缺的矛盾，同时也避免了施工低谷期而造成的劳动力及设备设施闲置等资源浪费现象。

4. BIM 技术的预制化加工方案

超高层工程的垂直运输矛盾是制约项目顺利推进的最大困扰。工厂化预制是减轻垂直运输压力的一个重要途径。在上海中心大厦项目中，预制加工设计是通过 BIM 实现的。在深化设计阶段，项目部可以制作一个较为合理、完整、与现场高度一致的 BIM 模型，把它导入 Autodesk Inventor 软件中，通过必要的数据转换、机械设计以及归类标注等工作，把 BIM 模型转换为预制加工设计图纸，指导工厂生产加工。通过模型实现加工设计，不仅保证了加工设计的精确度，也减少了现场测绘的成本。同时，在保证高品质构件制作的前提下，减轻了垂直运输的压力，提高了现场作业的安全性。

5. 利用模型对施工质量进行管控

由于在模型的管线综合阶段，已经把所有碰撞点一一查找并解决，且模型是根据现场的修改信息即时调整的。因此，把 BIM 模型做为衡量按图施工的检验标准最为合适。

在该工程中，项目部根据监理部门的需要，把机电各专业施工完成后的影像资料导入到 BIM 模型中进行比对。同时，对比对结果进行分析并提交"差异情况分析报告"，尤其是对于系统运行、完成标高以及下道工序施工等造成影响的问题，都会以三维图解的方式详细记录到报告中。为监理单位下一步的整改处置意见提供依据，确保施工质量达到深化设计的既定效果。

6. 系统调试工作

上海中心大厦是一座系统庞大且功能复杂的超高层建筑，系统调试的好坏将直接影响工程的顺利竣工及日后的运营管理。因此，利用 BIM 模型把各专业系统逐一分离出来，结合系统特点与运营要求在模型中预演并最终形成调试方案。在调试过程中，项目部把各系统调试结果在模型中进行标记，并将调试数据录入到模型数据库中。在帮助完善系统调试的同时，进一步提高了 BIM 模型信息的完整性，为上海中心大厦竣工后的日常运营管理提供必要的储备资料。

4.2　陕西人保大厦项目

4.2.1　项目概况

陕西人保大厦项目（图 4-2）位于西安市高新技术产业开发区，地理位置优越。项目采用设计-施工-采购（EPC）总承包模式，其定位于为保险中介、保险评估、金融及三资企业等客户打造高档写字楼。

工程难点分析：

1）采用 EPC 总承包模式，涉及专业多，管理协调内容多，对总承包管理要求高。

2）地处繁华市区，施工现场狭窄。施工现场平面布置、施工场地的合理划分和管理难度大。

3）设计及施工采用四新技术多，施工难度大。

4）建筑做法多，装修施工标准高，选材广泛，质量要求高。

图 4-2　陕西人保大厦项目

4.2.2　BIM 应用情况

1. 进度管理

建立与模型关联的总控制进度计划（图 4-3），方便建设项目各阶段、各专业以及相关人员之间的沟通和交流，减少建设项目因为信息过载或者信息流失而带来的损失，提高从业人员的工作效率。

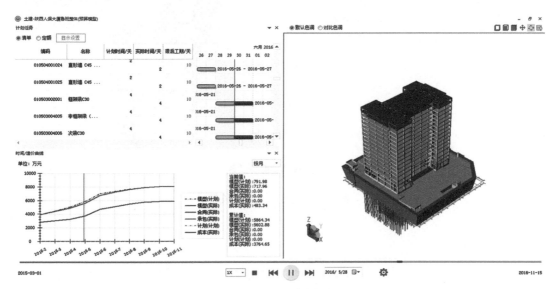

图 4-3　总控制进度计划

在总进度计划的基础上细化二级、三级进度计划，按照工程项目的施工计划模拟现实的建造过程，通过预定计划及现场实际施工计划的对比，形成进度的监控与预警，及时进行调整；并将施工计划与人、材、机的用量进行关联，形成进度与成本的关联（图4-4）。

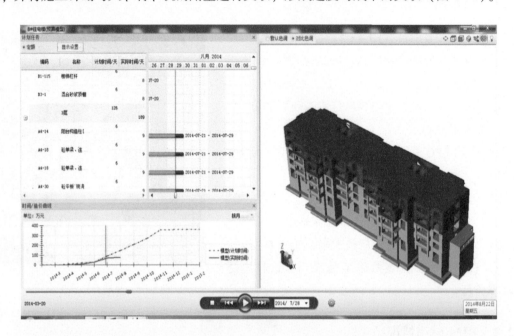

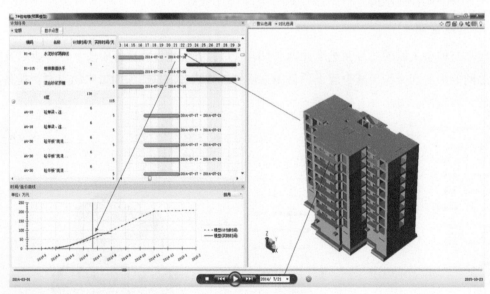

图4-4　进度与成本的关联

2. 成本管理

选择需要工程量的构件，提取对应的工程量信息，并制作材料计划（图4-5）。

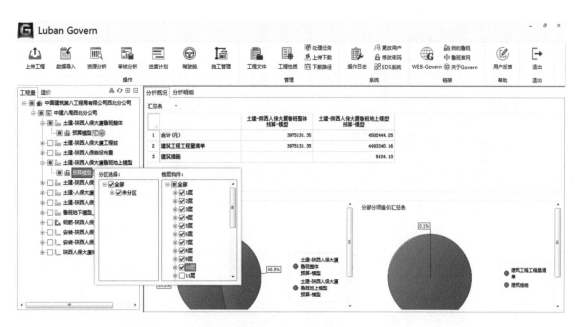

图 4-5　材料计划

在 4D 管理的基础上，给构件输入对应的综合单价等信息，完成 5D 成本模型，提前获知产值计划，进行资金流管理（图 4-6）。

分析概况	分析明细							

汇总表	保存	表头设置	预览	打印	输出	显示设置

时间：2015-08-01～2015-08-31

序号	项目编号	项目名称	项目特征	计量单位	土建-陕西人保大厦鲁班整体预算-模型		
					工程量	综合单价(元)	合价(元)
合价							1648914.75
1		建筑工程工程量清单					1648914.75
2		A土石方工程					154993.91
3		A.1土方工程(010101)					154993.91
4	010101004001	挖基坑土方	1.土壤类别：自行考虑 2.挖土深度：m 3.弃土运距：自行考虑	m³	1778.27	87.16	154993.91
5		C桩基工程					1493920.84
6		C.1打桩(010301)					20830.30
7	010301004001	桩头处理	1.桩类型：混凝土灌注桩 2.桩头截面、高度：500 3.混凝土强度等级：C35 4.有无钢筋：有筋 5.截桩头（含外运）	个	134.00	155.45	20830.30

图 4-6　陕西人保大厦项目 8 月份产值计划

构件名称	总重（kg）	其中箍筋（kg）	1级钢 6	1级钢 8	1级钢 10	3级钢 6	3级钢 8	3级钢 10	3级钢 12	3级钢 14	3级钢 16	3级钢 18
柱	133202.322	76269.634	386.386				4131.696	41515.959	26528.977	3115.539	8417.587	11630.891
梁	272138.689	46009.192	1184.362	5261.481	1143.382		19522.779	16712.212	12999.278	3025.159	78460.894	1601.906
板筋	135446.031	3806.972	3807.674				1278.693	59507.970	33071.381	37780.313		
洞口加筋	23.198	0.000							23.198			
附加钢筋	1103.390	0.000					298.018	432.460	372.912			
节点	3896.595	107.580	344.376	265.512						3286.707		
其他构件	2801.574	0.000	703.212					2098.362				
小计	749792.981	135601.456	15322.706	5526.993	1143.382	104.155	25740.697	123611.424	118733.571	54869.350	135756.148	49961.407
墙	93835.746	3684.671	5484.068	33.228	199.143	61.876		2647.201	40982.010		14987.742	917.128
柱	128039.314	59204.883	358.230				2015.578	27917.454	30859.121	768.831	2256.999	2940.688
梁	303281.721	38959.387	1065.231	9557.486	1901.763		8749.443	27584.630	8237.926	2296.823	172046.115	6302.087
板筋	77018.991	0.000	92.019				66571.028	7786.209	2569.735			
洞口加筋	15.740	0.000							15.740			
板底加筋	55.790	0.000									55.790	
节点	32501.086	1163.679	819.261			344.418		2338.840	4168.317	16975.590	7854.660	
其他构件	1880.540	0.000	686.778				1193.762					
附加筋	30.092	0.000					30.092					
小计	636659.020	103012.620	8505.587	9590.714	2100.906	406.294	78559.903	68274.334	86832.849	20041.244	197201.306	10159.903

图4-6 陕西人保大厦项目8月份产值计划（续）

3. 技术、质量管理

（1）三维图纸会审

工程各参建单位，通过观察直观的三维模型发现二维图纸中难以发现的错、缺、碰、漏及设置不合理等问题，最终将归并后的图纸会审记录移交给设计单位进行确认、修改，为后续建造过程顺利实施提供便利（图 4-7）。

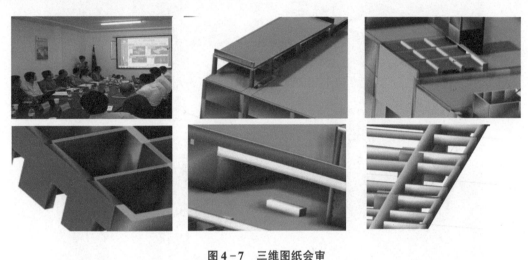

图 4-7　三维图纸会审

（2）土方开挖深化

建立土方开挖模型，进行土方开挖的模拟，对不合理处进行优化，最终形成土方开挖深化图纸（图 4-8）。

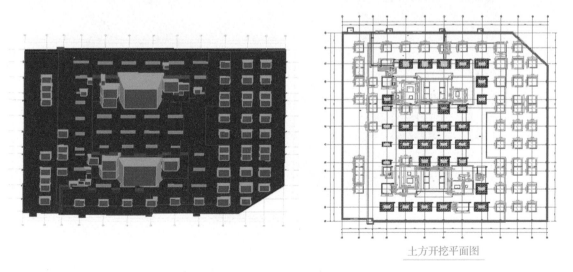

土方开挖平面图

图 4-8　土方开挖深化设计

（3）幕墙方案效果细化

该工程幕墙由玻璃幕墙、石材幕墙、金属幕墙、屋顶采光井及雨篷组成，构造复杂、节点众多。基于原设计方案，对幕墙模型进行细化和细节方案比对，真实展现幕墙完成后的效果（图4-9）。

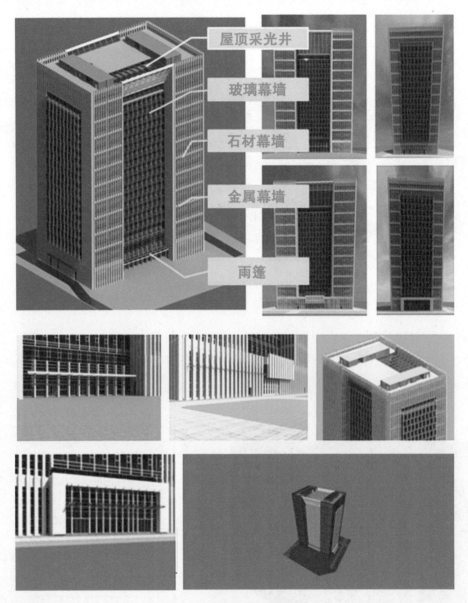

屋顶采光井

玻璃幕墙

石材幕墙

金属幕墙

雨篷

图4-9 幕墙方案效果细化

（4）碰撞检查

通过指定区域的碰撞检查，查找碰撞点，人为核准确认有效碰撞，输出碰撞报告（图4-10）。

碰撞检查:

指定区域的碰撞检查，查找碰撞点，通过人为核准确认有效碰撞，输出碰撞报告。

有效碰撞:

1. 管径小于80mm的不考虑。
2. 一根管道横穿纵向多个管道仅算一个有效碰撞点。
3. 现场通过微调就可处理的不算有效碰撞，例如管线有微小重叠。

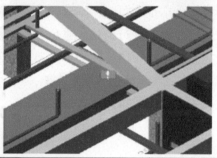

安装管综碰撞检查报告

安装管综-1层碰撞点

	构件1：除尘排烟管\除尘排烟管-1000×320(H底=2900)\排烟 构件2：线槽\金属线槽-200×100(H底=2950)\弱电综合线槽 轴网：G-16(-1250mm)/G-B(-3837mm) 碰撞类型：已核准 备注：	设计院回复意见：
	构件1：除尘排烟管\除尘排烟管-1000×320 (H=2660~3060(斜))\排烟 构件2：污水管\热镀锌钢管-DN100(H=3100)\压力排水&雨水 轴网：G-16(-1050mm)/G-A(+738mm) 碰撞类型：已核准 备注：	设计院回复意见：
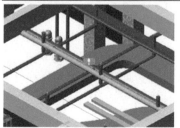	构件1：除尘排烟管\除尘排烟管-1000×320(H底=2500)\排烟 构件2：喷淋管\镀锌钢管-DN150(H=2800)\喷淋主管 轴网：G-16(-2852mm)/G-D(-2600mm) 碰撞类型：已核准 备注：	设计院回复意见：

图 4-10　碰撞检查和碰撞检查报告

（5）管线综合排布（图4-11）

管线碰撞综合调整基于4大原则。

1）满足深化设计、施工规范要求。

2）空间布置合理，净高满足要求。

3）满足施工及维护需求。

4）节约资源，支架共用。

管线综合排布的同时，应兼顾支架三维布置并对其进行优化，避免不同专业施工产生同一位置多个单支架的情况。根据三维尺寸预制加工支架，节省支架成本且管线排布更美观，提升工作效率（图4-12）。

（6）预留洞口

管线综合排布后，输出预留洞口定位图，按专业分别生成管线平面排布图，确定管线的准确位置以指导施工（图4-13）。

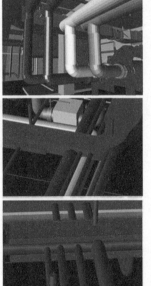

图4-11 管线优化

图4-12 管线优化美观

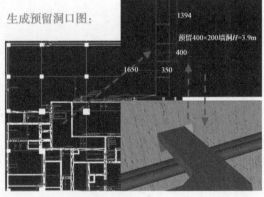

图4-13 生成预留洞口图

（7）三维可视化样板

传统的工程样板，不仅浪费材料而且受场地限制，该项目通过使用三维虚拟样板，在达到样板引路及可视化交底的前提下，极大地节约了材料及场地空间（图4-14）。

传统样板：浪费材料而且受场地限制

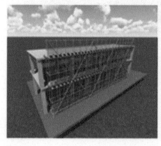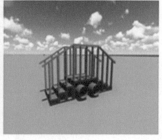

三维可视化样板：节约材料及场地空间

图 4 - 14　三维可视化样板

（8）可视化模拟及交底

在施工前，依据设计图纸，使用软件进行施工方案的模拟，并对工人进行可视化交底，有效地避免施工过程中存在的安全、质量隐患（图 4 - 15）。

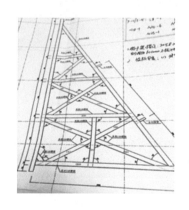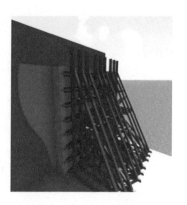

图 4 - 15　可视化模拟及交底

（9）移动端质量监控

通过手机移动端，对发现的质量问题进行拍照，收集施工现场照片，并上传到管理平台，对应责任人进行问题处理，将整改后的照片再次上传，形成质量闭合交圈管理（图 4 - 16）。

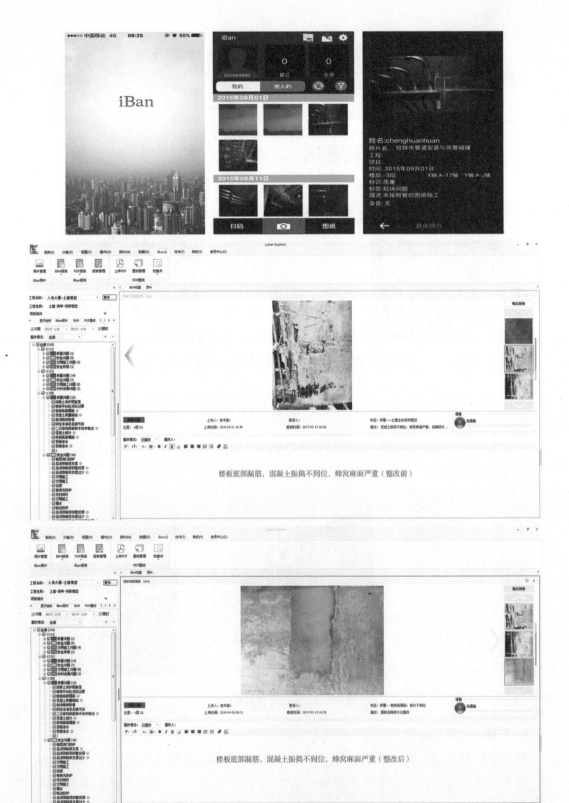

图 4-16 移动端质量监控

（10）砌体排布

依据建筑图纸，在施工前建立各层各部位墙体模型，对砌体进行排布，形成每面墙体的排布图，并统计用量。施工阶段对照砌体排布图进行交底、备料、砌筑，以达到精细化管理的效果（图 4-17）。

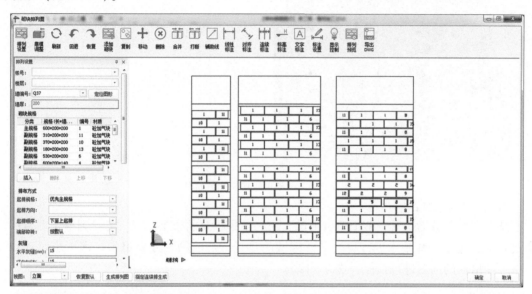

序　号	材　质	规　格	单　位	工程量
1	混凝土加气块	600 × 200 × 200	块	74
2	混凝土加气块	600 × 200 × 140	块	6
3	混凝土加气块	600 × 100 × 200	块	7
4	混凝土加气块	600 × 100 × 180	块	2
5	混凝土加气块	550 × 100 × 200	块	1
6	混凝土加气块	530 × 200 × 200	块	7
7	混凝土加气块	530 × 100 × 180	块	1
8	混凝土加气块	420 × 200 × 200	块	6
9	混凝土加气块	420 × 100 × 200	块	1
10	混凝土加气块	370 × 200 × 200	块	7
11	混凝土加气块	310 × 200 × 200	块	21
12	混凝土加气块	310 × 100 × 200	块	1
13	混凝土加气块	180 × 200 × 200	块	7
14	混凝土加气块	180 × 200 × 140	块	1
15	混凝土加气块	130 × 200 × 200	块	5
16	混凝土加气块	130 × 200 × 140	块	1
17	混凝土加气块	130 × 100 × 200	块	1
18	现浇现拌混凝土 C25（5-20）顶	C25（5-20）	m³	0.13
19	现浇现拌混凝土 C25（5-20）底	C25（5-20）	m³	0.20

图 4-17　砌体排布

（11）塔吊位置协同布置优化

通过模拟塔吊作业半径的覆盖面、塔身穿过主体结构时与主次梁是否碰撞以及屋面钢结构的起吊、安装位置，确定现场塔吊的准确定位，输出塔吊平面布置图（图4-18）。

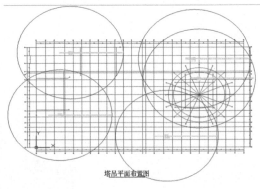

塔吊平面布置图

图4-18　塔吊位置协同布置优化

（12）高大支模区域筛选

高大支模区域筛选对于整个项目来讲，是一项很重要的施工工序，关乎到整个项目的质量及安全。通过BIM技术进行高大支模区域的筛选，形成筛选成果报告，进一步对项目过程中可能出现的问题进行预控（图4-19）。

高大支模筛选成果报告

一、说明

1.1 本次混凝土高大支模筛选的定位参考结构施工图纸。

1.2 具体情况，可进入鲁班土建菜单栏BIM应用的高大支模筛选功能查看。

1.3 本工程地下6层、地下5层、地下4层、地下3层、地下2层、地下1层高大支模区域共计：544处。

1.4 筛选条件：梁截面面积≥0.52m²；梁、板底标高高度≥8m；梁单跨跨度≥18m。根据住房和城乡建设部下发的《建设工程高大模板支撑系统施工安全监督管理导则》建质〔2009〕254号第1.3条规定高大模板支撑系统是指建设工程施工现场混凝土构件模板支撑高度超过8m，或搭设跨度超过18m，或施工总荷载大于15kN/m²，或集中线荷载大于20kN/m的模板支撑系统。

二、操作

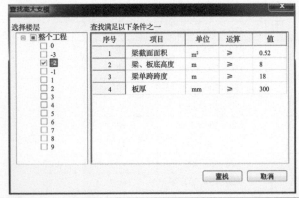

序号	项目	单位	运算	值
1	梁截面面积	m²	≥	0.52
2	梁、板底高度	m	≥	8
3	梁单跨跨度	m	≥	18
4	板厚	mm	≥	300

高大空间部位	-2层（A-T2-5/T1-M-T3-E）	
	支撑面积（m²）	约428.74
	层高（m）	本层楼面-10.550；层高3.450
	楼板厚（mm）	110、120、180
	框架梁截面尺寸（mm）	200×500、250×450、300×500、300×700、400×700、400×800、400×900

图4-19　高大支模区域筛选

4. 安全管理

（1）施工场地布置

在现场布置阶段，使用族库中的标准化模块快速进行场区平面布置、临边安全设施布置，并随时对布局进行调整优化。图 4－20 为项目基础施工阶段场区布置的最终效果图，通过模型可以查看现场各个区域的预实施效果。

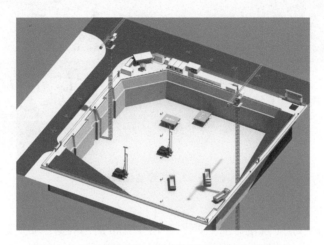

图 4－20　项目基础施工阶段场区布置的最终效果图

（2）移动端安全监控

通过手机移动端进行现场安全问题拍照，用手机记录、回复安全问题，上传至管理平台，确保各方均可及时关注现场安全问题（图 4－21）。

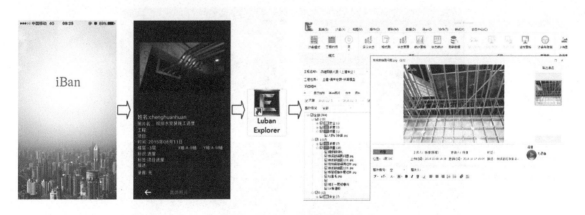

图 4－21　移动端安全监控

（3）视频监控系统

在通过模型布置场地初期，根据情况设置好摄像监控点及门禁系统，以便及时将每日施工进度、现场安全等情况共享，方便现场动态控制及管理（图 4－22）。

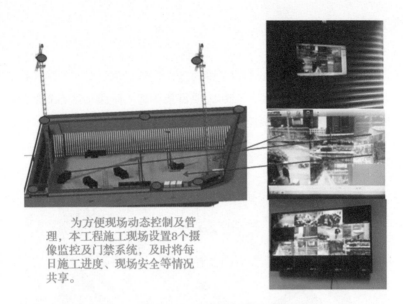

为方便现场动态控制及管理，本工程施工现场设置8个摄像监控及门禁系统，及时将每日施工进度、现场安全等情况共享。

图4-22 视频监控系统

（4）施工区域照明模拟

工程建造过程中，施工现场临时照明均存在灯具布置无依据、布局随意、无法感知布置后的照明效果等缺陷。根据选定的灯具的实际光照性能参数，可在软件中模拟实际的光照效果。

同一灯具，可通过不同功率及布置间距的方案对比，在满足施工照明亮度需求的前提下，选择最经济的灯具布置方案（图4-23）。

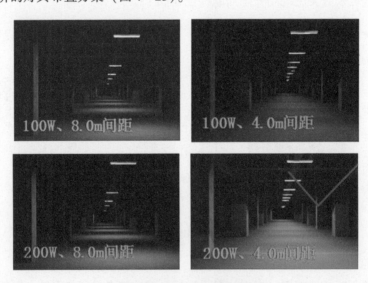

图4-23 施工区域照明模拟

5. 运维管理

（1）设备性能维护及评价

临建模型中通过加入施工设备、器材等，对施工现场需要按时维修的设备（如配电箱、消防水泵等）进行定时的维修提醒。维修后，最终形成设备检修记录，为设备性能、设备维护及分包商考核评价提供信息依据（图 4－24）。

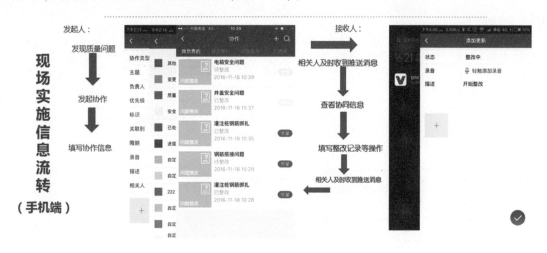

图 4－24　设备性能维护及评价

（2）二维码应用

依据二维码信息为现场施工提供指导，例如，可在工程桩钢筋笼加工完毕、验收合格后，生成二维码粘贴于钢筋笼上，施工前管理及作业人员可通过扫描二维码查看所需的信息，如桩类型、混凝土强度等级、桩尺寸、标高、坐标等，依据信息为桩定位、成孔、钢筋笼吊装、混凝土灌注等现场工序提供依据及指导，如图 4－25 所示。

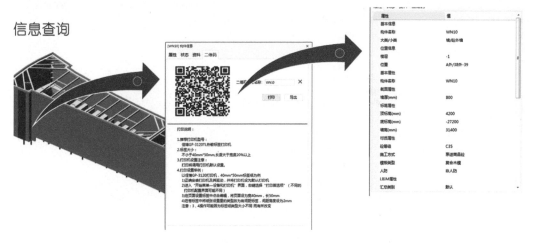

图 4－25　二维码应用

6. 变更管理

在形成项目 BIM 管理制度的同时，建立项目变更管理制度，形成模型的协同更新。通过模型变更管理，实现资源分析及变更前后的工程量对比，继而进行成本核算，实现变更前后技术方案对比、经济最优比选，如图 4 – 26 所示。

项目编号	项目名称	项目特征	计量单位	工程量 土建-陕西人保大楼地下(0914变更) 预算-模型	鲁班地下模型_160418 预算-模型
010503004002	翻边	1.混凝土强度等级:C25	m³	13.33	13.33
010503005001	过梁	1.C20预拌混凝土	m³	18.60	18.74
		E.3 现浇混凝土梁(010503)			
010503001001	基础梁	1.混凝土强度等级:C40 P8 2.混凝土类别:泵送商品砼	m³	177.14	177.33
010503002001	框架梁	1.截面高度：550 - 700，材料：C35混凝土	m³	4520.88	4482.19
010503004001	圈梁	1.混凝土强度等级:C25	m³	85.32	85.87
		E.4现浇混凝土墙(010504)			
010504001001	混凝土外墙：300厚以上	1.C55预拌P6抗渗混凝土	m³	2334.81	2334.81
010504001002	混凝土外墙：300厚以上	1.C55预拌P8抗渗混凝土	m³	1213.15	1213.15
010504001003	混凝土外墙（连梁）	1.C55预拌P8抗渗混凝土	m³	1.02	
010504001004	人防墙：500厚	1.C55预拌P8抗渗混凝土	m³	385.51	385.51
010504001006	砼内墙400厚	1.C55预拌混凝土	m³	844.58	844.58

图 4 – 26 变更管理

7. 建立主体结构施工阶段外架使用模型，提前优化并统计工程量

根据施工阶段进行工期安排及材料计划安排，并实时更新模型，确保模型与现场一致，如图 4 - 27、图 4 - 28 所示。

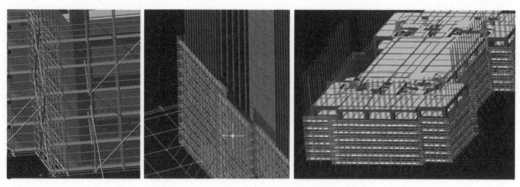

图 4 - 27　主体结构施工阶段外架使用模型

| 打印 | 预览 | 导出 | 统计 |

脚手架汇总表　砌块汇总表　构件汇总表　材质汇总表

- 工程汇总表
  - 扣件式脚手架
    - 按栋号汇总表
  - 满堂脚手架
    - 按栋号汇总表
    - 按楼层汇总表

扣件式脚手按栋号汇总表

序号	栋号	材质	规格	长度(m)	数量	单位
1		安全网		–	2772.449	m²
2		挡脚板	18厚挡脚板	266.582	2	根
3				10.000	2	根
4				10.500	4	根
5				11.000	1	根
6				11.500	1	根
7				21.500	4	根
8				22.500	2	根
9				26.000	1	根
10				26.500	3	根
11		槽钢		3.500	2	根
12				30.500	4	根
13				32.500	1	根
14				33.000	1	根
15				4.000	3	根
16	施工平面图			4.500	4	根
17				5.000	3	根
18				8.000	1	根
19				8.500	3	根
20		脚手板	10厚竹编	–	1421.667	m²
21			Φ48*3.5	0.500	78	根
22			Φ48*3.5	1.000	103	根
23			Φ48*3.5	1.500	900	根

图 4 - 28　工程量统计

4.2.3　效益分析及后续计划

1. 效益分析

该项目通过 BIM 技术的运用，节约可量化成本约 50 余万，其中包括洞口预留、管道碰撞检测、图纸问题检测及钢筋排布检测等，如图 4 - 29 所示。

预留洞口计算					
类 别	大 小	个 数	需水钻开洞数	金 额	单 价
DN100		56	100	4000	40 元/个
DN150		14	14	700	50 元/个
DN250		20	160	6400	40 元/个
DN560		10	180	7200	40 元/个
风管	1600×500	2	84	3360	40 元/个
	1600×630	1	45	1800	40 元/个
	800×900	1	34	1360	40 元/个
桥架洞	300×300	5	60	2400	40 元/个
	200×200	6	24	960	40 元/个
		115	701	28180	
合计		节省费用 28180 元,以同时 8 名工人开洞,节省工日约 5 个工日左右			

碰撞检测效益分析

本项目共计发生碰撞点3295外,其中DN50以上管道碰撞共计478处,套取定额取"修改需成本90元/处",共计产生4.3万元成本节省。

DN50以下管道共计2817处,套取定额取"修改需成本50元/处",产生14.09万元成本节省。

考虑人工、材料等成本,仅碰撞检测这一项就节省成本18.39万元。

图 4-29 效益分析

运用 BIM 技术带来的效益远不止这些,例如:

1)在图纸会审中通过 BIM 技术审查出建施错误 29 条、结施 169 条、水施 54 条、暖通 7 条、强弱电 79 条,共计 338 条图纸错误,其带来的效益是无法估量的。

2)通过 BIM 技术进行方案模拟、优化,大大提高了方案优化的可行性及优化收益。通过运用 BIM 技术模拟的土方优化方案,提供了约 101 万元的策划效益;辅助幕墙优化,形成最终优化方案,提供了约 204 万元的策划效益。

3)在运用 BIM 技术过程中,对员工意识、思想、工作效率的改变更是一种巨大的收益。

2. 后续计划

陕西人保大厦项目在策划阶段便详细制定了 BIM 实施节点预期的应用点,并于后续多次 BIM 例会中讨论并确定更为详细的后期 BIM 应用点,各应用点指定专人进行负责落实,如图 4-30 所示。

序号	阶段	计划安排	工作重点	工作内容详细	负责人
1	BIM 实施准备	2014.04.16	BIM 实施方案策划	调研（企业、项目）	
2		2014.04.16		需求分析、实施动员、实施方案设计、沟通	
3		2014.04.15	BIM 建模（预算）	建立土建预算 BIM 模型　递交初版图纸工程量	
4		2014.04.15		建立钢筋预算 BIM 模型　递交初版图纸工程量	
5		2014.04.15		建立安装预算 BIM 模型　递交初版图纸工程量	
6		2014.05.15		模型应用培训	
7	建造施工	2014.06.25	钢筋培训	钢筋 BIM 建模培训	
8		2014.05.08	土建培训	土建 BIM 建模培训	
9		2014.07.05	安装培训	安装 BIM 建模培训	
10		2014.06.26	系统培训	系统培训：BE、MC、BW、iBan	
11		2014.06.26	BIM 模型维护	BIM 模型维护（设计变更等）	
12		2014.06.05	数据提供、资源计划	进度款支付数据提供、签证索赔管控 专业分包工作量审核 甲供材料用量审核	
13		2014.06.20	工程图片数据服务	BIM 团队成立、现场综合管理：iBan 利用 iBan 系统 进行工程质量、安全、施工等管理	
14		2014.07.04	工程资料数据库建立	在 BIM 中建立工程资料档案	
15		2014.06.26	土建施工模型及应用	施工区域划分、提供实际施工量 根据施工方案调整模型（进度、施工段、措施）	
16		2014.06.26	安装：管线综合	协助安装管线综合 辅助复杂区域方案优化 建立全尺寸设备三维模型	

序号	拟实施应用点	备注
1	施工场地布置	
2	协助安排施工进度计划	
3	施工方案可视化模拟及优化	
4	工程算量	
5	安装管线综合及出图	
6	钢构整体模型及吊装方案	
7	预留洞口优化及出图	
8	可视化交底及验收	
9	装饰面砖排版优化	
10	屋面等深化设计	
11	碰撞检查与漫游	
	……	

图 4-30　后续计划

4.2.4 BIM 应用心得分享

1. 软件对比分析

BIM 是一个项目全生命周期的应用技术,在不同的阶段有各自优秀的 BIM 软件。在设计阶段,Revit 系列软件无疑是优秀的 BIM 软件代表;在施工及运维阶段,该项目引入的鲁班 BIM 系列软件则更贴近现场,如图 4-31 所示。

内容		Revit 系列	鲁班 BIM	备注
设计	深化设计	★★★★★	★☆☆☆☆	Revit 是目前应用最广泛的、十分优秀的设计 BIM 软件,鲁班 BIM 在机电深化设计领域也有一定的优势
可视化	展示效果	★★★★★	★★★☆☆	鲁班更关注数据,为保证普通计算机能正常运行。牺牲了部分显示效果,鲁班 BIM 模型可以导入 3dsMax 进行渲染,以相对较低的成本制作精美的动画
技术与质量、安全	多专业集成	★★★☆☆	★★★★☆	鲁班有 Luban Trans 插件,可以导入 Revit 模型,可以支持 IFC 导入。也可以导入任意支持 IFC 格式的 BIM 模型,如 Tekla、Bentley、MagiCAD 等软件,并在多个项目上成功应用
	碰撞检查	★★★★☆	★★★★★	鲁班碰撞检查更适合建造阶段,要对主体结构进行实测,充分考虑施工后的结构偏差。结合施工方案,支持钢筋与钢结构专业的碰撞,钢筋可以利用鲁班钢筋的数据,不需要单独建模
	管线综合	★★★★☆	★★★★★	鲁班更贴近施工实际,如开发的自动绕功能,使管线综合的效率更高
	施工模拟	★★★★☆	★★★☆☆	Revit 软件中构件更丰富,精度也更细致,模拟显示效果更佳
造价管理	工程量统计	★★☆☆☆	★★★★★	鲁班的工程量统计完全符合国家清单定额及地方性定额等规范。可满足结算、现场材料管理等需求,可按楼层、进度、任意分区等多条件快速统计工程量
	造价资源分析	☆☆☆☆☆	★★★★★	及时快速按楼层、进度、任意分区等条件进行人、材、机分析
	材料管理	★★☆☆☆	★★★★★	准确获得过程中拆分实物量;随时为采购计划制订、限额领料提供及时准确的数据支撑;为飞单等现场管理情况提供审核基础
	5D 成本管理	★☆☆☆☆	★★★★☆	在 BIM 模型中引入时间、成本维度,快速可视化展示形象进度与造价的动态变化

图 4-31　软件对比分析

总之可综合考虑项目不同情况、不同阶段及软件特点等选择最终应用的 BIM 软件。

2. BIM 应用心得

通过 BIM 技术在项目上的应用可以发现：造价成本通过多算对比、消耗量分析等，误差可控制在 3% 以内；缩短了 7% 的项目进度时间；通过碰撞检查节省了 10% 的造价；通过三维图纸会审及模型问题检查，消除了 40% 未预料到的工程变更，最重要的是极大地提高了员工及项目运转的效率。通过 BIM 培训、学习、建模及不断的深入探索，项目员工的团队精神、施工质量意识、新技术知识以及个人探索能力得到了不断的提升，为企业和个人带来了不可估量的无形效益（图 4-32）。

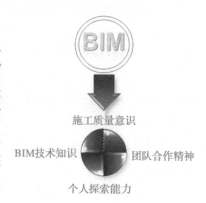

图 4-32　BIM 应用心得

4.3　国家检察官学院贵州分院建设项目

4.3.1　项目概况

项目名称：国家检察官学院贵州分院建设项目（图 4-33）。

项目地址：贵阳市观山湖区观山东路 2 号。

建设单位：贵州省人民检察院。

施工单位：贵州建工集团有限公司。

单体数量：2 栋。

建筑层数：地下 1 层，地上 16 层。

总建筑面积：28109.09m²。

结构类型：钢筋混凝土框架结构。

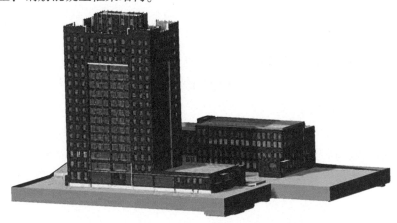

图 4-33　国家检察官学院贵州分院建设项目

4.3.2 部分 BIM 应用成果

1. BIM 实施总目标

1）基于 BIM 技术的项目管理方法探索：BIM 技术是贵州建工集团未来的核心竞争力之一，他们希望通过这个项目来探索适合该公司基于 BIM 技术的项目管理方法。

2）创建项目协同高效平台：基于互联网平台的项目协同更快速有效，但具体的协同方式并没有十分明确的案例。所以要通过该项目的实施来总结适合该公司基于 BIM 平台的协同方式。

3）项目成本精细化管理：BIM 技术的所有价值都能总结成为项目的效益，检察官学院项目成本压力很大，贵州建工集团希望能够通过 BIM 技术来提升项目的成本精细化管理水平。

2. BIM 配套制度

制定实施方案时，根据相关建设企业的经验总结，归纳了部分标准及流程，在实施过程中，也不断有新情况出现，施工单位根据实际需求对方案中的标准流程进行了补充与调整。

（1）BIM 建模标准

包括《土建建模标准》《钢筋建模标准》《机电建模标准》《土建模型审核标准》《钢筋模型审核标准》《机电模型审核标准》等。

（2）BIM 应用流程

包括《基础数据应用流程》《模型指导施工流程》《施工场地模拟流程》《BIM 图纸会审流程》《机电管线优化流程》《质量安全管理流程》等。

（3）BIM 应用成果汇报制度

包括《模型交底报告》《图纸问题交底报告》《基础数据对比报告》《现场钢筋管控报告》《管线碰撞报告》《高大支模筛选报告》等。

3. 创建基于互联网的协同管理平台

贵州建工集团在本项目中采用的是上海鲁班软件有限公司的鲁班 BIM 平台，这个平台是基于互联网的，只要有网络，输入有权限的账号与密码即可登入系统进行信息检索及 BIM 相关的工作，如图 4-34 所示。

管理组可以在系统后台根据人员的工作性质进行账号的统一管理，以确保每个人获得的信息都有针对性。例如，土建人员与机电人员能够看到的 BIM 模型会根据所属专业来进行分别授权；资料员主要针对资料进行管理和上传，安全员主要针对照片进行管理和上传，如图 4-35 所示。

图 4-34　Luban BE 系统登录界面

图 4-35　账号角色管理

BIM 系统后台还可以对人员的权限进行分配和变更，对关键性权限进行严格管理，如"删除模型""删除资料"的权限仅授权给项目管理层，以确保项目的信息和资料不会因为人员变动而遗失，如图 4-36、图 4-37 所示。

图 4-36　账号权限分配

图 4-37　BIM 平台管理流程

4. 基于互联网的工程基础数据应用

项目 BIM 建模小组创建了该项目的土建、钢筋、机电模型（图 4-38），审核后上传至 BIM 系统平台中，各专业的工程基础数据也在系统平台中同步生成，使得原本只有预算员才拥有的工程数据信息能够基于互联网与项目相关人员进行实时共享。

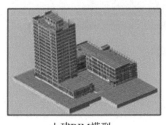

土建BIM模型

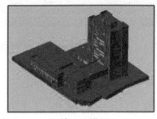

钢筋BIM模型

机电BIM模型

图 4-38

5. 基于互联网的 BIM 模型指导施工

在项目施工过程中，每个区域施工前，BIM 小组及项目人员都会提前 3 ~ 7 天结合图纸查看三维模型，避免因为二维图纸不够直观而造成图纸理解的偏差。在这个过程中，BIM 小组及项目人员发现了很多图纸中的问题及施工难点，避免了多处返工（图 4 - 39）。

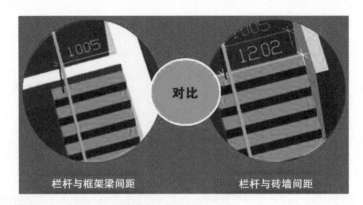

图 4 - 39　栏杆问题示例

6. 施工场地 BIM 三维模拟

由于项目占地面积小，可利用的空间有限，而施工过程中涉及的材料种类及数量都非常多，为合理使用场地，BIM 小组成员用鲁班施工软件对施工场地进行了 BIM 建模。在每周的生产例会上，管理人员都会结合这个 BIM 模型对专业分包的材料堆放进行场地安排（图 4 - 40）。

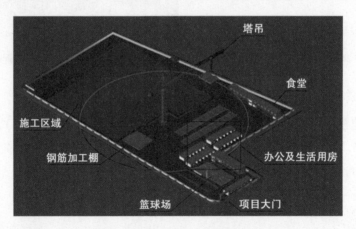

图 4 - 40　施工场地 BIM 三维模拟

7. 基于 BIM 技术的图纸会审

BIM 小组成员在 BIM 建模过程中，提前发现了土建问题 53 处、机电问题 8 处。BIM 小组对这些图纸问题进行了详细的记录并提交给了技术总工，在甲方、施工单位、监理、设计等多家单位共同召开的图纸会审会议上，90% 的图纸问题都来自 BIM 小组（图 4 -41）。

土建 + 钢筋专业图纸问题记录：

序号	图号	内　容	模型处理方法
1	结施 – 10 – 02	平面图中 CTJ1 有两个尺寸：5600 × 5600、5600 × 5725，请明确	暂按平面图做，5600 × 5725 命名为 CTJ1 – 1
2	结施 – 10 – 02	CTL4 平面尺寸宽 1700，与标注尺寸宽 1500 不符，请明确	暂按标注尺寸做
3	结施 – 20 – 01	KZ1 箍筋信息模型与布局不统一，请明确	暂按布局做
4	结施 – 20 – 02	GBZ2 详图箍筋肢数与主筋根数不符	暂按主筋根数布置
5	结施 – 20 – 02	配筋详图中有 GBZ24，平面图中无 GBZ24。平面图中有 YBZ24，配筋详图中无 YBZ24。请明确	暂将 YBZ24 按照 GBZ24 配筋
6	结施 – 20 – 02	配筋详图中 GBZ25 主筋根数标注为 18 Φ 22，实际应为 20 Φ 22，请明确	暂按 20 Φ 22 做
7	结施 – 20 – 02	配筋详图中有 YBZ4，平面图中无 YBZ4，请明确	暂不处理
8	结施 – 20 – 02	剪刀墙身表中标高标准为 – 10.600 ~ 5.800，请明确	暂定为 – 15.300 ~ 10.600 的墙配筋图

安装图纸问题记录：

序号	图纸编号	图纸问题	模型处理方法
1	施工图 B02/B03 专用变配电房 0.4kV 低压配电系统图（一）、（二）	1AA6 柜中消火栓泵动力（主供）DWP6 编号应改为 DWP8，消火栓泵动力（备供）2AA9 柜中 DWP6R 编号应改为 DWP8R	已改
2	I 地块地下室动力平面图	平面图中未找到消防配电箱 5 – D1AT1	相关动力回路暂不布置
3	施工图 – 03 配电箱接线系统图（一）	系统图中标记电箱 DATJF1 有 21 台，平面图中有 20 台；系统图中 DATSF3 有 2 台，平面图中有 3 台；系统图中 DATPF1 有 21 台，平面图中有 22 台；DATPF2 系统图中 4 台，平面图中 3 台；DATPF3 系统图中 2 台，平面图中没有；系统图中的 5 – D1AT1 在平面图中未找到	暂以平面图为准，缺失电箱相关回路暂不布置
4	I 地块地下室照明	D – 15 轴与 D – R 轴交点处疏散指示和安全出口无电源接入	暂将其就近接入 S2 – D1ALE1 – E2 回路
5	R02	多功能访客对讲系统图连接可燃其他探测器的线路为 RVV – 4 × 0.5，连接可视对讲机的线路为 SYV – 75 – 5 + RVV – 4 × 1.0，两者 RVV 线型号不相同	暂均按照 RVV – 4 × 1.0 线路敷设

图 4 – 41　部分图纸问题

序号	图纸编号	图纸问题	模型处理方法
6	R03	系统图上声光警报器及消防广播前端均连接一个控制模块,但平面图该位置上无控制模块	暂按照平面图,未布置控制模块
7	R02	多功能访客对讲系统图连接可燃其他探测器的线路为 RVV-4×0.5,连接可视对讲机的线路为 SYV-75-5+RVV-4×1.0,两者 RVV 线型号不相同	暂均按照 RVV-4×1.0 线路敷设
8	R03	系统图上声光警报器及消防广播前端均连接一个控制模块,但平面图该位置上无控制模块	暂按照平面图,未布置控制模块

图 4-41 部分图纸问题(续)

8. BIM 协助制定高大支模专项方案

由于项目工期比较紧,技术总工日常工作也比较繁忙,为减轻技术总工的工作负担,BIM 小组成员充分发挥团队精神,利用"高大支模区域查找"的 BIM 功能对需要进行高大支模的区域和构件进行了一键查找,确保了高大支模方案在第一时间完成并顺利通过了专家论证(图 4-42)。

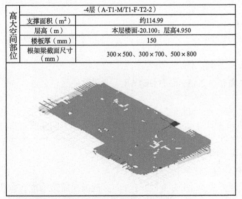

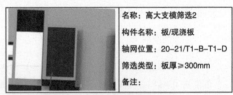

图 4-42 高大支模区域筛选报告(部分)

9. 基于 BIM 技术的人防墙洞定位图

该项目地下为一层,有人防区域。人防区域在施工过程中的工艺要求非常严格,所有的预埋件都必须提前预埋，所有的门窗洞口都不允许出现后凿现象。考虑到现场的施工技术人员水平参差不齐，BIM 小组在 BIM 模型基础上出具了人防区域的门窗洞口定位图，并利用 BIM 技术对每个洞口进行了智能编号与尺寸标注，为人防区域的施工质量提供了强力的保障(图 4 - 43)。

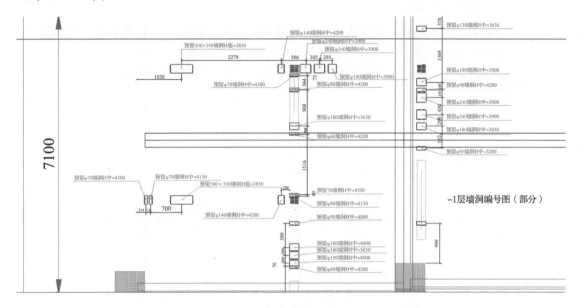

图 4 - 43　-1 层墙洞编号图

10. 基于 BIM 技术的机电管线优化

本项目土建与机电由两家设计单位出图，机电各专业设计人员也不同，因此在结构与机电、机电各专业之间存在很多碰撞点。BIM 小组对多专业的模型进行了合并与计算，找出碰撞点，提交设计进行了变更。在机电施工前，根据项目的排布原则对管线标高进行了优化，每次施工前都与分包进行模型交底，使得机电安装的施工得以顺利进行，大大减少了返工现象(图 4 - 44)。

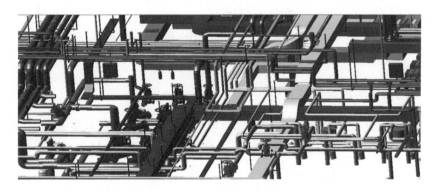

图 4 - 44　管线调整优化后效果

11. 基于 BIM 技术的工程量清标

检察官学院项目总造价约 2 亿，材料成本及工期成本给施工方造成了很大的压力。按照以往的项目实施实际，项目在建造过程中，对各类材料用量的控制和统计，其工作量非常大，而且易出现失控现象。

引入 BIM 技术后，BIM 小组模型完成后可将 BIM 工程量与招投标清单工程量进行比对，比对过程中发现清单工程量比 BIM 工程量少很多，特别是钢筋与气压焊接头这两项，相差分别为 415.5 吨、26231 个。

根据对比分析，项目预算部重新对清单进行了审核，并与甲方进行交涉，避免了很大的损失（图 4-45）。

4	010505001002	有梁板 梁	1.混凝土种类：商品混凝土 2.混凝土强度等级：C35 3.运输：泵送	m³	87.85	92.88	5.03	5%
5	010505001003	有梁板 梁	1.混凝土种类：商品混凝土 2.混凝土强度等级：C30 3.运输：泵送	m³	983.2	1012.55	29.35	3%
6	010505001006	有梁板 板	1.混凝土种类：商品混凝土 2.混凝土强度等级：C35 3.运输：泵送	m³	289	322.53	33.53	10%
7	010505001007	有梁板 板	1.混凝土种类：商品混凝土 2.混凝土强度等级：C30 3.运输：泵送	m³	3158.79	3333.95	175.16	5%
8	010502002001	构造柱	1.混凝土种类：商品混凝土 2.混凝土强度等级：C25 3.运输：泵送	m³	182.84	402.13	219.29	55%
9	010510003001	过梁	1.混凝土强度等级：C25 2.砂浆（细石混凝土）强度等级、配合比：预制混凝土构件	m³	79.86	185.42	105.56	57%
10	010506001001	直形楼梯	1.混凝土种类：商品混凝土 2.混凝土强度等级：C40 3.运输：泵送	m²	276.92	325.38	48.46	15%
11	010506001002	直形楼梯	1.混凝土种类：商品混凝土 2.混凝土强度等级：C35	m²	122.76	126.46	3.7	3%

图 4-45　BIM 清标对比表（部分）

12. BIM 与实际材料用量两算对比

BIM 实施重在应用，如果不用，BIM 也只是一堆模型而已。在实际施工中，BIM 小组根据实际进度，分阶段地对现场的材料实际用量与 BIM 用量进行对比，并在日常工作中采集用量产生误差的原因与证据，以保证对比的科学性，并为后续的施工改进提供了很多建议（图 4-46）。

关于陕西人保大厦项目混凝土对比分析报告

尊敬的各位领导：

　　您们好！

　　我方实施顾问在现场工作期间和项目上BIM工作组的同事深入沟通以后，针对实际工程量与模型工程量，将已浇筑完成的地下室A、B区基础层至-2层、C区基础层的一次结构的部分进行对比分析，现向各位报告如下：

一、对比分析目的

　　通过实际工程量与模型工程量的对比，找出模型工程量与实际工程量的差异，分析差异原因，从而控制下一施工阶段的实际工程量，提高项目成本控制，实现工、料、机的精细化管理与预控。

　　依靠鲁班BIM系统平台，信息化的手段节约项目成本、提高盈利能力。主要运用BIM模型数据，并在此基础上，进行预算与实量对比分析。从不同的角度、渠道解决混凝土管理上的问题。实现精细化管理才能达到有效控制，保证企业的良性发展。对每阶段精细管理推行工作中出现的问题总结原因，提出措施，不断改进，使精细管理不断完善、不断深化。

二、编制范围和依据

　　1.对比范围：地下室A、B区基础层至-2层、C区基础层一次结构工程量。

　　2.根据鲁班BIM系统模型理论工程量、项目部实际工程量。

　　3.混凝土量均未扣除内插钢柱和钢筋所占体积。

　　4.图纸依据：根据陕西11建未央国际项目部提供的电子版图纸（2016年12月第1版）。

　　5.软件计算版本：鲁班土建v28.0.0版。

三、对比分析

　　1.通过对比分析，混凝土BIM模型总量较现场实际使用总量多58.36m³，偏差率为0.72%，详见汇总表（单位：m³）。

序号	构件类别	实际工程量	BIM工程量	量差	偏差率	备注
1	墙	311.00	312.66	1.66	0.53%	
2	柱	243.00	136.50	106.50	78.02%	
3	梁板	840.00	959.15	119.15	12.42%	
4	基础	6658.00	6702.05	44.05	0.66%	
合计		8052.00	8110.36	58.36	0.72%	

　　2.施工段A区混凝土BIM工程量较现场实际使用量多27.36m³，偏差率为2.87%；施工段B区混凝土BIM工程量较现场实际使用量多42.98m³，偏差率为1.96%；施工段C区混凝土BIM工程量较现场实际使用量少11.98m³，偏差率为0.24%；明细表如下（单位：m³）。

施工段	楼层	构件类别	混凝土类别	BIM工程量	实际工程量	量差	偏差率	备注
施工段A	基础	筑板	C40P8	503.93	487.00	-16.93	3.36%	
	基础	楼层小计		503.93	487.00	-16.93	3.36%	
	-3层	剪力墙	C45P8	68.30	92.00	23.7	34.70%	
	-3层	框架柱	C45	19.14	27.00	7.86	41.07%	
	-3层	顶梁板	C40	144.48	120.00	-24.48	16.94%	
	-3层	楼层小计		231.92	239.00	7.08	3.05%	
	-2层	剪力墙	C45P8	55.27	57.00	1.73	3.13%	
	-2层	框架柱	C45	18.39	27.00	8.61	46.82%	
	-2层	顶梁板	C40	144.85	117.00	-27.85	19.23%	
	-2层	楼层小计		218.51	201.00	-17.51	8.01%	
		施工段小计		954.36	927.00	-27.36	2.87%	
	基础	筑板	C40P8	1236.10	1197.00	-39.1	3.16%	
		楼层小计		1236.10	1197.00	-39.1	3.16%	

图 4 - 46　基础混凝土工程数据分析报告

13. 基于 BIM 技术的质量安全缺陷管理

从 BIM 工作开展时起，BIM 小组和项目人员就一直采用鲁班的手机客户端 iBan 进行现场施工拍照，并通过 iBan 系统将照片与 Luban BE 平台中的 BIM 实施模型进行挂接。通过这样的方法，既保证了现场施工照片的持续性与完整性，又能够将存在安全质量问题的照片通过 BIM 平台及时与专业分包进行共享，大大提高了建筑的质量和施工安全（图 4 - 47）。

iBan登录界面

iBan拍摄上传的现场照片

图 4 - 47

14. 基于 BIM 平台的工程资料管理

工程资料在项目中的管理非常重要，也有一定的难度，经常会出现分部分项工作已经完成，但资料迟迟做不好的情况。BIM 小组在实施过程中，主动与资料员合作，将项目实施过程中的各项资料及时地与 BIM 平台中的模型进行挂接，并按照资料规范对资料进行合理的归类，形成了完整有序的资料库（图 4 - 48）。

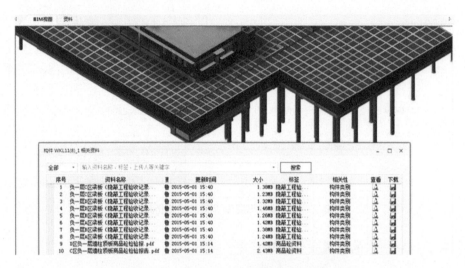

图 4 - 48　基于 BIM 平台的工程资料管理

4.3.3　BIM 应用效益

从创建 BIM 团队到项目的 BIM 应用实施，施工方发现 BIM 技术与项目管理、项目利润以及企业发展具有相辅相成、互相促进的关系。除了在各方面可总结的效益（图 4 - 49），其无形的价值也不容忽视。

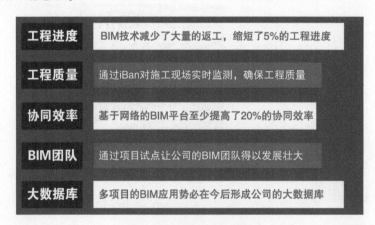

图 4 - 49　BIM 应用价值

4.4　深圳市孙逸仙心血管医院迁址新建项目

4.4.1　项目概况

项目总概算：51419 万元。

用地面积：22458m²。

建筑面积：88470m²。

工程时间：2013—2015 年底。

项目包括医疗综合楼 1 栋、行政办公楼 1 栋，地下 3 层，地上 20 层（图 4‑50）。

图 4‑50　深圳市孙逸仙心血管医院

4.4.2　部分 BIM 应用成果

1. BIM 招投标

项目建设单位对施工单位、BIM 咨询单位提出了 BIM 能力要求，明确在投标时应展示 BIM 技术能力，以及中标后需承担的 BIM 应用工作内容。

对承包人的 BIM 要求如下。

1）承包人须具备拥有实践经验的 BIM 技术团队，否则需委托专业 BIM 咨询公司。

2）承包人须按要求提供必要数据和文件，共享资源，协同应用，提供决策依据。

3）结合深化设计和施工方案，辅助施工班组优化，完整体现施工方案。

4）施工难点提前反映，利用三维模型对班组进行施工交底。

5）建立 BIM 信息电子工程档案资料库，将构建（设备）、资料一一对应，统一存档。

6）工程竣工后，完成创建包括各专业设备材料的生产商、型号、尺寸、参数等全面信息的 BIM 竣工模型，为业主的运维服务提供数据支撑。

2. 项目 BIM 实施导则

制定 BIM 应用目标，规划 BIM 实施路线，明确 BIM 应用要求，确定多方 BIM 协同工作机制，定义 BIM 模型创建与信息传递共享标准，指导 BIM 应用落地（图4-51）。

3. 项目协同

搭建项目参建多方协同工作平台，提供工程资料信息共享、流程审批等功能，提高沟通效率，降低沟通成本（图4-52）。

图 4-52 孙逸仙心血管医院项目管理协同平台

图 4-51 BIM 实施导则

4. BIM 模型创建

依据实施导则创建建筑、结构、机电、幕墙、装饰等专业 BIM 模型，此模型为后续各项 BIM 应用的工作基础，建模过程中发现设计图纸描述不清、表述错误等一般问题（图4-53）。

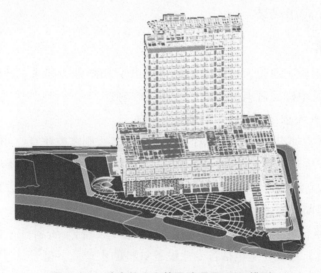

图 4-53 孙逸仙心血管医院项目 BIM 模型

5．工程算量

基于已创建的 BIM 模型，利用斯维尔三维算量软件 For Revit，直接快速计算出清单工程量、定额工程量、实物量，并与三维算量软件 For CAD 计算的结果及招标工程量清单进行校核比较，用于造价控制（图 4-54~图 4-56）。

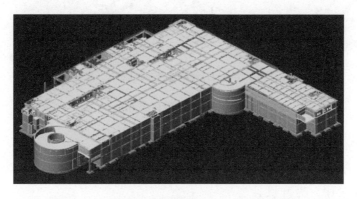

图 4-54　斯维尔三维算量 For Revit 计算工程量

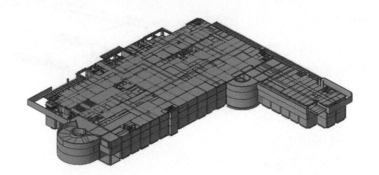

图 4-55　斯维尔三维算量 For CAD 计算工程量

主要比较项目	三维算量 For CAD	三维算量 For Revit	差异
柱	1043.68 m³	1046.22 m³	-0.21%
墙	8733.49 m³	8721.73 m³	0.07%
梁板	7856.11 m³	7863.29 m³	0.09%
满堂基础	11339.86 m³	11338.84 m³	0.0%

图 4-56　三维算量 For Revit 与三维算量 For CAD 工程量对比

6．管线综合

把各专业繁杂的管线（风管、桥架、消防、给水排水、医用气体、物流系统等）与建筑结构专业 BIM 模型综合在一起，发现设计中各专业存在的冲突问题，形成设计管线综合报告，提升设计质量（图 4-57）。

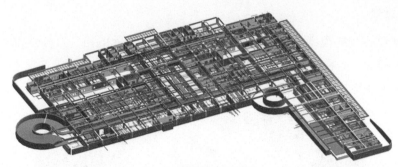

B1管线综合三维图

图4-57 管线综合

7. 管线深化、优化

利用管线综合模型，对各个专业的管线进行重新排布，消除碰撞，优化排布形式，便于施工，节省材料费用，提升设计深度和设计质量（图4-58）。

8. 预留、预埋出图

利用深化、优化后的模型，生成管线穿过墙、板的精确定位信息的二维图。预留、预埋孔洞避免了结构施工完成后打孔对结构的破坏，减少了打洞的工序，提高了施工工作效率和工程质量（图4-59）。

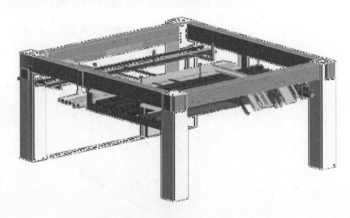

图4-58 管线深化、优化

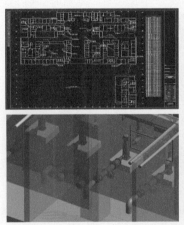

图4-59 预留、预埋出图

9. 净空检查

利用 BIM 模型检查管线和设备比较密集的地方以及重要功能空间，确保建筑空间满足使用要求，避免留下限高的建筑遗憾（图 4 - 60）。

图 4 - 60　净空检查

10. 综合支吊架

利用已经深化和优化后的管线 BIM 模型，按照受力要求，确定综合支吊架的位置。综合支吊架便于施工，便于后期管线更换、维护，更为美观（图 4 - 61）。

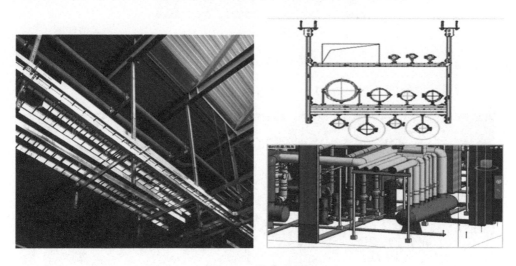

图 4 - 61　综合支吊架

11. 绿色建筑分析

进行绿色建筑分析，让建筑符合绿色建筑的相关要求，建筑与环境更为和谐友好，建筑居住环境更为健康。

1）进行日照分析。

等日照线：大寒日从早上 9:00 到下午 16:00 这段时间内窗台所在的整面墙所能接受日照的时间，以网格定点的方式表达。

优点：容易读图，能快速判断整面墙大寒日接受日照的情况，由此判断窗所对应的房间的日照情况（图 4-62）。

2）进行采光分析（图 4-63）。

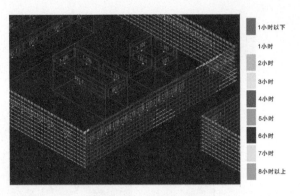

图 4-62　日照分析

伪彩色图　　　　　　　　　　　等值线图

图 4-63　采光分析

3）进行风环境分析（图 4-64）。

图 4-64　风环境分析

12. 质量安全管理

搭建质量安全巡检平台，将 BIM 模型、施工图纸、工程规范等资料导入到 PAD 中（图4-65），供业主、监理在工地巡检发现工程质量及安全问题时，随时获得资料依据支持，增强了质量安全管理技术手段。发现现场问题时，可以及时进行处理，打印出书面处理文件，提升了质量安全管理水平（图4-66）。

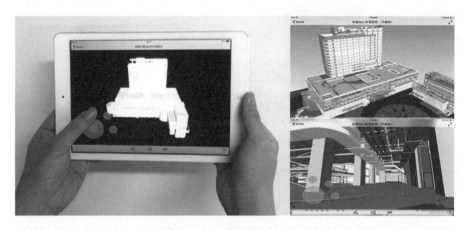

图4-65　BIM 模型导入 PAD

设备开箱　　　拍照取证　　　打印罚单

图4-66　质量安全管理

13. 进度管理

利用 BIM 模型跟踪工程进度，以周为单位，实时直观、精确反映施工计划执行情况，便于精确掌控工程进度（图4-67）。

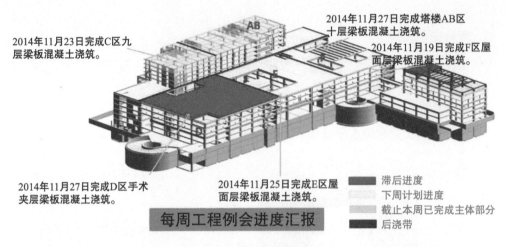

图4-67　进度管理

14. 场地布置

利用 BIM 模型和仿真技术实现施工场地模拟，用于进度协调、场地周转利用、工地周边环境交通影响、安全文明施工管理（图4-68）。

图4-68　施工场地模拟

15. 变更分析

利用斯维尔 BIM 算量软件自动分析对比两版图纸差异，在新版图纸上自动标识出修改变化的部分内容，便于变更控制（图4-69）。

对变更前后的模型进行工程量分析后，进一步对变更前后的工程造价进行分析比较，自动生成差异报告（图4-70）。

图 4-69　斯维尔 BIM 算量软件变更分析

图 4-70　差异报告

16. 交互式虚拟建筑浏览

将 BIM 模型轻量化后，利用游戏技术展示建筑以及建筑外部环境，通过互联网的浏览器访问模型，访问者可以像玩游戏一样置身于这个虚拟的场景之中，身临其境地沉浸在虚拟现实环境中，了解这个项目的空间、设备、设施、功能、服务措施等（图 4-71）。

17. BIM—物联网集成

利用 BIM 模型生成二维码，使用移动终端扫描机电设备上的二维码，自动关联实体设备到 BIM 模型，可服务于智能建筑（图 4-72）。

图4-71　交互式虚拟建筑浏览

图4-72　BIM模型生成二维码

通过二维码与智能手机专用APP，可以方便查看BIM中的信息，能够实现运维阶段的更多应用（图4-73）。

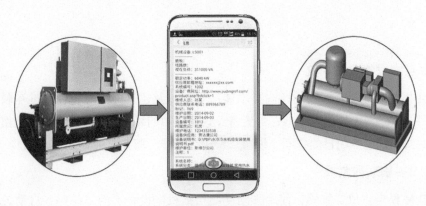

图4-73　手机扫描二维码

4.4.3 BIM 应用效益

在本项目中通过应用 BIM 技术，进行可视化沟通应用、施工图校核、深化设计、施工管理（进度、质量）、成本管控，对 BIM 模型进行充分利用，发挥了 BIM 在建筑项目中的价值，BIM 应用效益明显。

1. 社会效益

1）BIM 为各专业提供了信息共享、沟通的平台，协调管理效果显著，实现了工程和谐建设。

2）减少了变更返工，提高了管理效率，节约了大量资源。

3）在前期，BIM 针对设计图纸提出问题，使设计图纸及时进行优化，使得整个布局构造更加合理；采用优化后的施工方案，减少了返工和浪费，节约了成本，为绿色环保低碳施工提供了数据支持。

2. 经济效益

1）应用 BIM 碰撞检查发现图纸错误及应用 BIM 进行的三维交底更直观、准确、易懂，提高了施工质量，避免了返工，节省了工期，节约了成本。

2）在机电安装方面，应用 BIM 进行的深化设计，提前解决了设计存在的问题，生成施工详图及构件清单，减少了材料损耗，提高了工厂下料效率。

3）通过基于 BIM 的三维算量，实现了项目设计模型与商务管理之间的信息共享，达到了一次专业建模满足技术和商务两个应用要求，提高了商务算量效率 30% 以上，精度误差小于 2%。

4）通过应用 BIM 技术，在图纸校核、设计优化、成本管控、施工管理、4D 施工模拟、多专业统筹协调等方面，取得了约 600 万元的经济效益（图 4-74）。

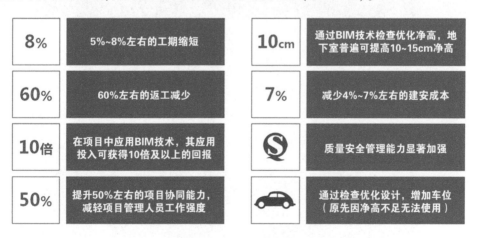

8% 5%~8%左右的工期缩短	**10cm** 通过BIM技术检查优化净高，地下室普遍可提高10~15cm净高
60% 60%左右的返工减少	**7%** 减少4%~7%左右的建安成本
10倍 在项目中应用BIM技术，其应用投入可获得10倍及以上的回报	Ⓢ 质量安全管理能力显著加强
50% 提升50%左右的项目协同能力，减轻项目管理人员工作强度	🚗 通过检查优化设计，增加车位（原先因净高不足无法使用）

图 4-74 BIM 应用效益

4.5 基于 BIM 的物业管理系统在 "SOHO" 运维中的应用

4.5.1 项目背景

2013 年 6 月始,北京博锐尚格节能技术股份有限公司与 SOHO 中国有限公司尝试将 BIM 与能源管理系统进行融合,为"银河 SOHO""望京 SOHO"两个大型综合项目提供整体物业管理解决方案——iSagy BIM。目前,在 SOHO 项目中,已经有更多的系统逐步接入了 BIM 运维平台,为 SOHO 的物业管理提供了更多的帮助。这是 BIM 在运维中走出的重要一步。

4.5.2 iSagy BIM——基于 BIM 的物业管理系统

这套基于 BIM 的物业管理整体解决方案,使空间信息与实时数据融为一体,物业管理人员可以通过 3D 平台更直观、清晰地了解楼宇信息、实时数据等相关节能情况,最终完成 3D 能效管理平台向 BIM 运维管理平台的成功转型。该项创新对公共建筑的全生命周期管理具有革命性的意义(图 4 - 75)。

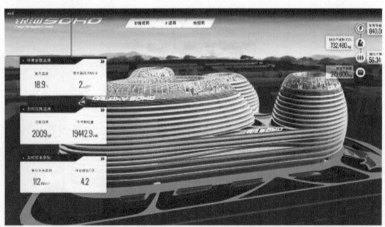

图 4 - 75

该系统是对 BIM 技术、云计算、物联网等的综合运用，涉及信息总览、水力平衡系统、机械通风系统、感测系统、照明系统、电梯系统、温度分布系统、视频监控系统等管理系统，用于建筑运营维护阶段的建筑信息管理。

1. 机械通风

机械通风系统通过与 BIM 技术相融合，可以在 3D 基础上更为清晰直观地反映每台设备、每条管路、每个阀门的情况。根据应用系统的特点分级、分层次，可以使用其整体空间信息，或是聚焦在某个楼层或平面局部，也可以利用某些设备信息进行有针对性的分析（图 4 - 76）。

管理人员通过 BIM 运维界面的渲染即可以清楚地了解系统风量和水量的平衡情况，以及各个出风口的开启状况。特别是当与环境温度相结合时，可以根据现场情况直接进行风

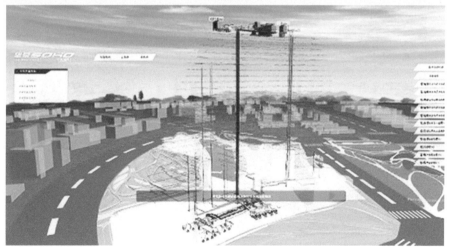

图 4 - 76　机械通风

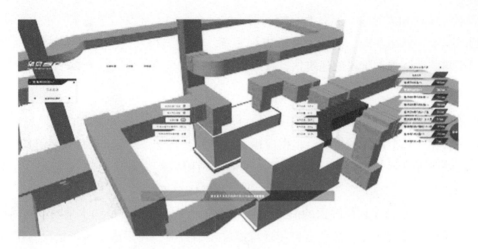

图4-76　机械通风（续）

量、水量调节，从而达到调整效果实时可见。在进行管路维修时，物业人员也无需为复杂的管路而发愁，BIM系统清楚地标明了各条管路的情况，为维修提供了极大的便利。

2. 垂直交通

3D电梯模型能够正确反映所对应的实际电梯的空间位置以及相关属性等信息。电梯的空间相对位置信息包括门口电梯、中心区域电梯、电梯所能到达楼层信息等；电梯的相关属性信息包括直梯、扶梯、电梯型号、大小、承载量等。3D电梯模型中采用直梯实体形状图形表示直梯，并采用扶梯实体形状图形表示扶梯。

BIM运维平台对电梯的实际使用情况进行了渲染，物业管理人员可以清楚直观地看到电梯的能耗及使用状况（图4-77），通过对人行动线、人流量的分析，可以帮助管理者更好地对电梯系统的策略进行调整。

图4-77　3D电梯模型

图 4 - 77　3D 电梯模型（续）

3. 温度监测

BIM 运维平台中可以获取建筑中每个温度测点的相关信息数据（图 4 - 78），同样，还可以在建筑中接入湿度、二氧化碳浓度、光照度、空气洁净度等信息。

图 4 - 78　温度测点的相关信息数据

温度分布页面将公共区域的温度测点用不同颜色的小球直观展示，通过调整观测的温度范围，可将温度偏高或偏低的测点筛选出来，进一步查看该测点的历史变化曲线，室内环境温度分布尽收眼底。物业管理者还可以调整观察温度范围，把温度偏高或偏低的测点找出来。结合空调系统和通风系统的调整，可以收到意想不到的效果。

4. 水平衡

通过对水表的信息进行采集，BIM运维平台除了可以清楚显示建筑内水网位置信息，更能对水平衡进行有效判断。

通过对整体管网数据的分析，可以迅速找到渗漏点，及时维修，减少浪费。而且当物业管理人员需要对水管进行改造时，无需为隐蔽工程而担忧，每条管线的位置都清楚明了（图4-79）。

图4-79　整体管网数据

5. 租户信息

BIM运维平台不仅提供了对租户的信息管理，更提供了对租户能源使用及费用情况的管理（图4-80）。

图4-80　BIM运维平台

这种功能同样适用于商业信息管理，与移动终端相结合，商户的活动情况、促销信息、位置、评价可以直接推送给终端客户，在提高租户使用程度的同时也为其创造了更高的价值。

6. 地下室设备

在管理平台中，能够清晰显示地下室设备信息及工作状况，可迅速对设备进行定位（图4-81）。

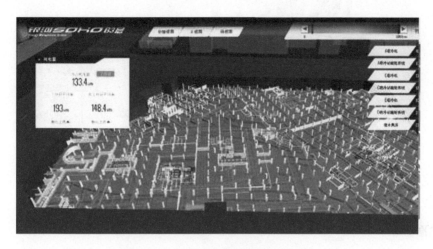

图4-81　地下室设备信息及工作状况

一般建筑中，设备用房、电力用房大多设于地下室。通过 BIM 运维平台，可以对这些设备的运行情况、设备信息、备品备件、维修信息等进行管理。同时，与智能停车系统相集合，还可以清楚显示停车状况，帮助客户寻找车位、寻找车辆，帮助物业人员进行车库的统一管理。

7. 视频监控

与视频监控系统的对接可以清楚地显示出每个摄像头的位置，单击摄像头图标即可显示视频信息。同时，也可以和安防系统一样，在同一个屏幕上同时显示多个视频信息，并不断进行切换（图4-82）。

图4-82　视频监控系统

图4-82 视频监控系统（续）

与传统的系统相比，其位置信息更为清晰，视频信息连续调用的程度更高，可以大大提升原有系统的功能。

8. 数据分析

数据分析页面将"银河SOHO"的能耗按照树状能耗模型进行分解，从时间、分项等不同维度剖析建筑能耗及费用，还可以对不同的分项进行对比分析，使管理者可以从这种带有韵律的可视化数据中发掘更深层次的含义（图4-83）。

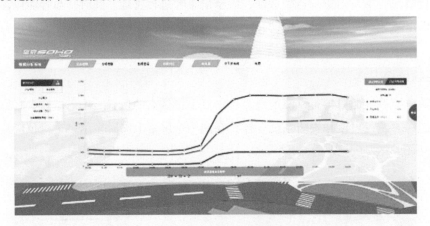

图4-83 可视化数据

BIM运维平台的应用场景远远不止上文提到的这些功能，它是建筑内最顶层的平台，在与建筑内各个系统对接的同时，还可以横跨建筑的物业管理、商业管理等多个领域，而且在BIM平台可视化的基础上，可能一个很小的技术创新就可以带给客户更好的应用体验。试想当客户不再需要为寻找车位而烦恼，不再为孩子在商场内乱跑而担心，不再为去哪家店而难以抉择的时候，他们可以把更多精力放在商家为他们提供的用户体验上，从而为商家创造更多的关注和价值。

　　与能源管理系统、楼宇设备自控（BA）系统、停车管理系统等的对接仅仅是建设 BIM 运维平台的第一步，在此基础上还可以整合更多的信息与应用，如对商家的信息管理（如活动信息推送、定位、介绍等）、客户信息管理（防走失、儿童看护等）、设备的台账管理、系统运行的管理等。

　　BIM 是一个可视程度非常高的一体化平台，与传统系统结合后可以大大提升原有系统的应用程度，而且通过将定位系统、信息系统等包含进来，可以创造更多更有价值的用户体验。在 SOHO 项目中的应用，仅仅是对 BIM 运维的初步尝试，未来这种技术将会推广到如商业、办公、机场、博物馆等更多的公共设施中去。而且随着 BIM 技术更广泛的应用，BIM 运维必将为更多的建筑管理者提供更好的管理手段与体验。

参 考 文 献

[1] 何关培. BIM 总论 [M]. 北京：中国建筑工业出版社，2011.

[2] 何关培，李刚. 那个叫 BIM 的东西究竟是什么 [M]. 北京：中国建筑工业出版社，2011.

[3] 葛清. BIM 第一维度——项目不同阶段的 BIM 应用 [M]. 北京：中国建筑工业出版社，2013.

[4] 葛文兰. BIM 第二维度——项目不同参与方的 BIM 应用 [M]. 北京：中国建筑工业出版社，2011.

[5] 何清华. BIM 在国内外应用的现状及障碍研究 [J]. 工程管理学报，2012 (1)：12-16.

[6] 李恒. BIM 在建设项目中应用模式研究 [J]. 工程管理学报，2010 (5)：525-529.

[7] 彭栋宇. 建筑业信息共享技术研究现状与应用分析 [J]. 建筑经济，2010 (10)：18-22.

[8] 贺灵童. BIM 在全球的应用现状 [J]. 工程质量，2013 (3)：12-19.

[9] 何关培. BIM 在建筑业的位置、评价体系及可能应用 [J]. 土木建筑工程信息技术，2010 (1)：109-116.

[10] 何关培. "BIM" 究竟是什么 [J]. 土木建筑工程信息技术，2010 (3)：111-117.

[11] 杨宇，尹航. 美国绿色 BIM 应用现状及其对中国建设领域的影响分析 [J]. 中国工程科学，2011 (8)：100.

[12] 张建平，李丁，林佳瑞，等. BIM 在工程施工中的应用 [J]. 施工技术，2012 (16)：10-17.

[13] 潘佳怡，赵源煜. 中国建筑业 BIM 发展的阻碍因素分析 [J]. 工程管理学报，2012 (1)：6-11.

[14] 何清华，钱丽丽，段运峰，等. BIM 在国内外应用的现状及障碍研究 [J]. 工程管理学报，2012 (1)：12-16.

[15] 程建华，王辉. 项目管理中 BIM 技术的应用与推广 [J]. 施工技术，2012 (16)：18-21.

[16] 刘献伟，高洪刚，王续胜. 施工领域 BIM 应用价值和实施思路 [J]. 施工技术，2012 (22)：84-86.

[17] 过俊. BIM 在国内建筑全生命周期的典型应用 [J]. 建筑技艺，2011 (Z1)：95-99.

[18] 何关培,李刚. BIM 应用将给建筑业带来什么变化 [J]. 中国建设信息,2010 (2):10-17.

[19] 祝元志. 数字技术再掀建筑产业革命——BIM 在建筑行业的应用、前景与挑战 [J]. 建筑,2010 (03):10-22,4.

[20] 罗智星,谢栋. 基于 BIM 技术的建筑可持续性设计应用研究 [J]. 建筑与文化,2010 (2):100-103.

[21] 何关培,李刚. BIM 应用将给建筑业带来什么变化(续)[J]. 中国建设信息,2010 (4):16-20.

[22] 马智亮. BIM 技术及其在我国的应用问题和对策 [J]. 中国建设信息,2010 (4):12-15.

[23] 李恒,郭红领,黄霆,等. BIM 在建设项目中应用模式研究 [J]. 工程管理学报,2010 (5):525-529.

[24] 何关培. BIM 和 BIM 相关软件 [J]. 土木建筑工程信息技术,2010 (4):110-117.